U0051470

THE

ANXIOUS ACHIEVER

TURN YOUR BIGGEST FEARS INTO YOUR LEADERSHIP SUPERPOWER

焦慮是你的優勢

MORRA AARONS-MELE

摩拉・阿倫斯－梅勒——著　王瑞徽——譯

平凡的人害怕焦慮，卓越的人善用焦慮

推薦序

作最壞的打算，得出最好的成果

《經理人月刊》總編輯／齊立文

前陣子受邀去錄製一個Podcast節目，開始錄音之前，我說：「這次談的書好難，我從昨天緊張到現在。」主持人回答說：「看不出來你是會緊張的人。」完成任務後，主持人（或許是出於禮貌）說：「你講得很好啊。」我沒有受到稱讚的喜悅，腦子裡想的是，「萬一我被聽出來，我其實根本不懂我講的主題，怎麼辦？」一直到訪談結束後，憂心自己表現不好的負面感受，還延續了好幾個小時。更別提節目播出後，同樣的感覺又重複一次。

還有一次，我跟著主管出席一個社交場合，全場都是陌生人，我完全不知道要跟誰、找誰講話。傻站了一會兒之後，我逃離了現場，跑到另一個樓層，找到一個角落坐下，自問：「我到底為什麼在這裡？」「我適合這個工作嗎？」「我怎麼會這麼弱？」自責一番之後，我給自己打氣，決定回到現場再戰，終究還是沒辦法，敗下陣來，又躲到角落去了。

之所以提到上述的個人經驗，完全是因為在這本書裡，有許多段落幾乎都曾經是我的心情寫照，像是：「許多焦慮的成就者害怕批評和意見回饋，主要是因為我們害怕丟臉，無論意見多麼『有益』或傳遞得多麼溫和，都只會去注意它的消極面，覺得一切都是自己的錯。」「我們明知道，為了即將在社交場合寒暄聊天而恐慌，毫無道理，我們還是縮在角落，出汗、發抖，怎麼都無法說服自己安心……」

有成就的人不焦慮？

這本書的英文書名直譯成中文是：焦慮的成就者（The Anxious Achiever）。想必有些讀者也曾經有過這樣的疑問，那些在講台上侃侃而談的講者，他們也會焦慮喔？那些在會議室裡出謀畫策、指揮若定的高階主管，也會自我懷疑喔？答案極有可能是肯定的，但是在現實環境裡，說不定只有少數人願意承認，因為高成就者怎麼可以示弱？示弱，就輸了。

過去幾年，在商業或心理學相關書籍裡，有一類型是在討論職場上通常比較不會被視為成功或正面的特質，像是內向、安靜或脆弱等等，如今卻轉而從優勢、力量，甚或超能力的角度來看待它們。於是，有些人的沉冤得以昭雪。像是內向的人不是拙於社交，只是長時間或頻繁社交，會消耗他們過多能量，他們需要安靜獨處來恢復活力。像是領導者不必時時刻刻都顯露出心智強悍的姿態，適時適度地示弱，坦承自己有所不知，勇敢說出自己需要幫助，反而能夠拉近與同事之間的距離，更能夠釋放自己的武裝與防禦。

本書基本上也是出於類似的思路，每個人或多或少都有感覺焦慮的時刻，當焦慮的浪潮來襲，也許有時候會令人感覺「可怕」，但是絕對不該感到「可恥」，我們不但要學會駕馭恐懼，更不要諱疾忌醫，才能夠做到本書英文副標題所說的：將你最大的恐懼，轉變成你的領導超能力。就像是工作任務的死線（deadline）將至時，有些人會因為壓力山大，而爆發衝勁，有些人則會被壓力擊垮，而痲痺癱瘓。焦慮在我們身上的作用，也有點類似，因為總是作最壞打算，會讓我們提前籌畫、充分準備，但是經常負面思考，也會讓我們畫地自限、錯失機會。

我很喜歡書裡提到的，電商平台Shopify創辦人兼總裁哈雷・芬克斯坦（Harley Finkelstein）駕馭焦慮的方式。芬克斯坦知道焦慮是他的生存動力來源，也知道焦慮會對他的生活品質產生負面影響，「我無法擺脫這東西……我能做的是，我可以好好管理它，確保這種超能力得到磨練。」

如何管理焦慮？具體的做法就是，當焦慮會影響表現的時候，找到方法緩和它，「例如在大型公開演講活動前緊張不安時，芬克斯坦會進行深呼吸練習……立即減少焦慮，讓我更加專注，變得不那麼緊張。」反之，當需要全神貫注時，芬克斯坦反倒會歡迎焦慮上門，例如「談判一項重大業務交易，我實際上會想利用些許焦慮，以便預測所有可能出錯的環節，它能提供給我一份大多數人絕不會想到的、驚人的細項清單。」

焦慮一定要除之而後快？

本書作者自身就是焦慮症患者，也有尋求專業的醫療協助，讀到尾聲，我們可以看到，「我現在好多了，但是我並未痊癒。」或許，焦慮感會伴隨我們一生，但是我們絕對不希望看到焦慮感會影響我們的一生。畢竟，當焦慮產生負面影響時，不但會損及我們的身心狀態，也會感染給我們周遭的人，而且很多時候我們是不自覺的，特別當你是主管的時候。

你可能毫無察覺自己其實是個很容易焦慮的人，只覺得自己追求完美，所以總想要鉅細靡遺地掌握同事動態，成了一個愛查勤、愛追進度的微觀管理者，結果搞得整個團隊也跟著擔心受怕，缺乏被信任或被授權的安全感。然而，一旦你有意識地察覺自己的焦慮，並且學會掌控焦慮，我們就有機會將完美苛求轉向思慮周延，將冒牌者症候群轉成謙遜包容，將不善社交切換成善於聆聽。

在本書裡，作者會帶領讀者一步步探索自身焦慮的根源，並且提出相應的緩解方法，不讓焦慮阻礙我們潛力的發揮。

獻給我的伴侶尼可（Nicco）
他讓一切得以成真

還有我生命中的療癒者們
尤其是卡蘿．伯恩鮑姆博士（Dr. Carol Birnbaum）
她見過我深陷低谷，幫助我到達顛峰

CONTENTS

作者小記 011
引言：公開秘密與大白鯨 013

Part 1

了解你的焦慮

1 焦慮的野心 032
2 焦慮是一把雙面刃 055
3 發掘觸發因子和焦慮表徵 074
4 面對你的過去 099

Part 2

領導者的職場焦慮管理工具包

5 負面的內心小劇場……130
6 思考陷阱……143
7 無益的反應和壞習慣……173
8 完美主義……206
9 掌控感……231
10 意見回饋、批判和冒牌者症候群……259
11 社交焦慮……284

結論：找到喜悅……319

致謝……330

作者小記

我是焦慮的領導者，而非臨床醫師或學者。為了確保本書在臨床角度上的合理性，我和持照獨立臨床社會工作師（Licensed Independent Clinical Social Worker，LICSW）、企管碩士卡羅琳．葛拉斯（Carolyn Glass）合作。卡羅琳不僅是一名執業心理諮詢師，她還擁有哥倫比亞大學商學院MBA學位，是和我相識逾二十五年的好友。在卡羅琳成為諮詢師之前，她和我曾在紐約、倫敦的媒體和科技領域工作時交換了不少恐怖故事。卡羅琳：非常感謝妳在本書寫作過程中提供的建議與合作！

引言

公開秘密與大白鯨

新上任的全球業務副總裁關上辦公室門，癱坐在椅子上，為了獲得這次升遷，他努力了好多年，所有人——領導團隊、他的家人、他的同事、他的朋友——都興奮極了。然而，他沒有預期或應有的快樂和成就感，卻充滿了憂慮、緊張和煩亂，而且異常恐懼。他難以擺脫一種感覺，就是他的新團隊和上司遲早會發現他可能無法勝任這份工作。

此一情節的不同版本每天在大大小小的職場中上演，當然，細節因人而異，但我們當中有太多人在工作中陷入焦慮。有些人是你料想不到的：著名科技企業的富豪執行長、頻頻出現在媒體上的連續創業者、你孩子學校的校長、擁有大批鐵粉的網紅、住在隔壁的小企業主……

或許也包括你。

你可曾發現自己被憂慮困擾，甚至為所有可能出錯的事害怕不已？你是否充滿雄心壯志和幹勁——但又經常左思右想，充滿焦慮，對許多事情耿耿於懷？你會不會有時覺得自己在狀況外，別人隨時都會發現你在假裝？你會不會不計一切避開某些情況，例如搭機或公開演說，即使這會讓你失去許多機會，或在事業中停頓不前？你可曾因為工作成果不符你的標準，而進行微管理或者把別人的工作重做一遍？這些只是焦慮在工作中出現並影響我們的幸福感和效能的眾多情況中的幾種。

美國心理學會（American Psychological Association）區分了焦慮和恐懼，兩者的差異非常顯著：恐懼是「對明確可識別而具體的威脅所採取的適當、當下取向而短暫的反應」，而焦慮是「廣泛投注在某種普遍性威脅的未來取向、長期存在的反應」；焦慮可能會在威脅性狀況過後持續許久，甚至可能沒有具體原因。有時似乎說得通，有些時候也可能沒來由地突然出現。

那些天生容易焦慮的人，例如我，會有心理學家所說的**特質焦慮**（trait anxiety）：它只是我們的一部分，就像人格特質。日常壓力源可能帶來脅迫感，因此也難怪許多人千方百計想要避開讓自己焦慮的事。持續或過度的擔憂是嚴重焦慮的一個決定性特徵，當這些感覺持續存在並干擾我們的日常活動、工作、學校作業和人際關係，它們可能表現出一種稱為「廣泛性焦慮症」（generalized anxiety disorder）的疾病。焦慮也可能是其他心理健康狀況的徵候，通常和抑鬱症、強迫症（OCD）、物質使用和閱讀障礙、注意力缺陷過動症（ADHD）等學習差異，以及人格障礙有關。

據估計，全球有兩億八千四百萬人患有焦慮症，使得焦慮成為全世界最常見的心理健康失調。實際數字肯定要高得多，因為這些統計數據只反映了能獲得治療和接受診斷的人，最新數據顯示，我們的焦慮已到達前所未有的高度。美國心理健康協會（Mental Health America）的調查發現，二〇一九年到二〇二〇年尋求焦慮和抑鬱協助的人數增加了93％，新冠肺炎（Covid-19）大流行加劇了問題，但疫情過後卻帶來了更多焦慮。在美國，二〇二〇年四月到二〇二一年八月間的焦慮和抑鬱發病率大約是二〇一九年的四倍，高達38％美國人表示他們在二〇二一年感覺到焦慮症狀。當美國主要公共衛生機構建議對所有六十五歲以下成年人進行常規的焦慮篩檢，我十分詫異，我常開玩笑說，如果你不焦慮，就表示你不用心。我們生活在一個螢幕每小時都會迸出各種全球和地方危機的時代，實現生活品質變得昂貴且充滿壓力。

針對職場心理健康的研究描繪了類似的畫面，非營利組織「心靈共享夥伴」（Mind Share Partners）所做的二〇二一年工作心理健康報告顯示，76％全職美國員工表示自己過去一年裡至少經歷過一種心理健康症狀（高於二〇一九年的59％），最常見的是焦慮、抑鬱和倦怠。

試圖兼顧工作要求和心理健康需求，通常意味著工作表現和心理健康都受影響。不受控制的焦慮會消耗我們的精力，破壞我們的專注力，並驅使我們作出拙劣、倉促和思慮不周的決定；它可能導致我們專注於錯誤的事，扭曲事實，並妄下結論，甚至可能引起身體上的痛苦和傷害。在較極端的情況下，焦慮會讓我們陷入強迫性的負面思考迴圈，使得我們停滯不前；它可能導致我們太過糾結於最壞情況的可怕後果的可能性，以致我們以及我們所領導的人，都僵在那兒。簡言之，不受控制的焦慮會讓領導者的效能變弱，進而降低聽他們指揮的人和整個組織的績效。最重要的是，它使我們不快樂——讓生活變得更艱難。

但焦慮還有另一面，那是當我們學會管控它並利用它的潛在優點時的情況。

我是一個患有慢性臨床焦慮症的領導者，我曾在美國總統大選、企業界和科技新創界的激烈環境中工作；我掌理過四個企業行銷部門，並一手建立了兩個大規模部門；我也是一位創業家，在二〇一一年創辦了諮詢公司「女性線上」（Women Online），並於二〇二一年將其出售；我在《哈佛商業評論》（已遷至LinkedIn）的「焦慮的成功者」（The Anxious Achiever）節目是全球最受歡迎的商業Podcast之一，這令我難以置信；我撰寫書籍和文章，並經常為《財星》世界500強企業、聯邦政府以及哈佛大學和麻省理工學院等菁英大學進行關於領導力的演說；此外我也是主婦，有三個孩子。做到這一切的同時，我必須和臨床水平的焦慮以及週期性的嚴重抑鬱症搏鬥。

我知道有很多和我一樣的人——雄心勃勃、以事業為重的專業人士，他們在和心理疾病搏鬥的同時取得了成功。如果你正在讀本書，或許會認同這個群體，而「焦慮的成功者」一詞可能也會引起你的共鳴。焦慮的成功者很少靜止不動，無論是身體或頭腦；我們一向目標導向，放眼未來，極其認真地看待自己的工作；我們是一流的團隊成員，因為我們理所當然地加倍努力，沒有最好，只有更好；我們創造非凡的成果，因為我們**始終**追求卓越，並在我們所設定的任何挑戰中取得成功。

當然，純粹因為焦慮而逼自己拚命太可怕了，也根本撐不下去。但由於焦慮是一種情緒、一種可以學著去管理的一種內在狀態，你可以打造一種不受它支配的生活，事實上，你甚至可以學會信賴這種複雜的情緒作為一種忠誠的合作夥伴和領導優勢。

因為這正是成為一名焦慮的成功者的妙處：如果能將自己的動力和更大的目標結合起來，我們就能成就一切；如果能管控自己的焦慮並減少個人耗損，我們就能以無比的活力和獨創性來處理手上的工作。我們可以成為創造大膽變革的高瞻遠矚者，成為人們想要為之效勞的領導者，即使這麼做的時候內心是害怕的。

重新界定工作中的焦慮

我常被問到一個問題：既然焦慮是個人和組織績效中如此強大的因素，既然它如此普遍，為什麼我們沒聽到很多人談論它？

很大的一個原因是羞恥。

在「焦慮的成功者」Podcast節目中，我採訪了許多領導者，了解他們和焦慮的搏鬥，以及如何學會應對焦慮。聽眾的反應非常熱烈，這顯示了工作中的焦慮有多麼普遍。

但是，儘管我的Podcast節目有很多聽眾，我卻一直很難找到願意公開談論它的傑出高管。他們認為暴露自己的焦慮會讓他們顯得軟弱；他們擔心公開自己的心理健康問題將會壓低公司的股價；他們認為（根據我的經驗，十分正確）人們認為焦慮和強有力的領導是不相容的。

我經常和許多團體談論這話題，也一次次聽到同樣的論調：如果你想登上顛峰，就別談論心理健康。我認識很多不想走進員工會議，說「我今天很焦慮」的主管，我也聽過許多年輕人擔心自己的焦慮會毀掉他們的事業夢。

這一切都是因為成功人士往往會隱藏自己的感受，儘管關於領導模式的發展推陳出新，身體健康設施也不斷增加，但公開談論職場的心理健康仍然存在恥辱感。

我的 Podcast 節目的夢幻來賓是某位患有強烈焦慮症的執行長，他和同事創立的公司進行了首次公開上市，而且在他們的掌舵下變得茁壯，還經常出現在「最佳企業」名單上。然而這位執行長告訴我，大多數日子裡他們都在生存的恐懼感中醒來，而且每次出差旅行都準備了大堆靠墊，以便從 Xanax 鎮靜劑[1]引起的模糊狀態（他們用來消除對飛機墜毀的擔憂）恢復過來。

多年來我一直試圖公開採訪這位執行長，每隔一段時間我會確認一下，問他是否準備好和我談談，試圖說服他，坦誠談論自己的焦慮可以改變人的生活。但這位執行長就是做不到，他的解釋也總是「當事人不是你，是我」之類的說法。

和許多人一樣，這位執行長能夠創造一種驚人的組織文化，同時向華爾街保證一切都在他們的掌控之中。畢竟，華爾街喜歡企業領袖無情地鞭策自己前進而不流一滴汗或表現太多情感。儘管管理風格和結構是從指揮與控制等級制度演變而來，但在許多文化中，領導者不能表現出情緒或軟弱，以免他們的效能受到質疑。老實說，我為這些高管，也為他們的組織感到難過。想想看，如果他們能火

1 編註：Psychodynamic therapy，治療方式是將重點放在剖析和解決內心的矛盾，並幫助我們認清自己需要作出改變的地方，包括性格特質、行動、行為，以及對事件的反應。

力全開，不必分神去努力掩蓋自身的焦慮，他們的心情會有多舒坦，他們的影響力會有多大。

《焦慮是你的優勢》是一本負有使命的書：重新界定我們該如何看待領導力和組織背景下的焦慮。它提出一種不同於社會所宣傳的（焦慮和抑鬱是阻礙我們成功的弱點，我們一走進辦公室，就得把自己的情緒拋在腦後）更真實、更有希望的故事，為了做到這點，我們將顛覆許多關於焦慮和其他心理健康難題的傳統智慧，環繞著若干核心訊息建立一個新的願景：

- **焦慮是生活的一部分。**它是人類處境的一部分，它經常伴隨著領導力，所以你、你的團隊和你的組織應該學習如何管理它，讓它成為一種力量。
- **焦慮不是弱點，學著管理它當然更不是。**什麼需要更多力量和勇氣：面對惡魔，還是試圖假裝它不存在？哪條路會帶來更多希望和更大的影響：努力解決阻礙你前進的因素，還是迴避它？正視艱難的事物，探究自己長年的應對機制或迴避（如同搖滾樂手彼得．蓋布瑞爾[2]所說的「深挖」〔Digging In The Dirt〕）能讓你真正強大。

● **一旦你了解自己的焦慮並學會利用它，就能培養出領導超能力。**說來你或許不相信，但焦慮可以增強你的領導力、雄心、創造力、同理心、溝通力和願景。當你適應了自己的情緒和它們試圖傳達的東西，你就會成為一個有自覺、深思熟慮的領導者。

新領導力時代的新思維模式

和其他討論領導力的作者一樣，我希望你超級成功，成為頂尖專業人士，並找到適合你的職業生涯。但和許多人不同的是，我不會保證如果你遵循我的指示，你的事業就會起飛。本書不能修補你的人生，也無法保證你能一飛沖天。然而，它可能會開啟一種轉變過程，導向你本該擁有的事業和生活。從長遠來看，它很可能會讓你的生活更輕鬆、更愉快。

但在這途中，你可能會感到不自在。你或許會哭泣或生氣。你甚至可能會生

2 編註：Peter Gabriel，一九五〇～，前衛搖滾樂隊「創世紀樂團」（Genesis band）的主唱。

我的氣。我最喜歡的聽眾回饋之一是「我好愛妳的 Podcast，只是它太直白，太私密了。」沒錯，這就是重點。我將是直白又私密的，而本書將向你介紹許多非常傑出的人，他們也將是直白又私密。我想讓你明白，你並不孤單，焦慮的感覺很常見，你不需要隱藏它，它也不必然會妨礙你的領導力或你的生活。

人多半會竭盡所能避免不舒服的感覺，這是人性，但是當你直視自己的可怕感覺，你便卸除了它們的力量。你會發現內在的真相，更能看清楚周遭人們的行為，感覺更強大，更有活力，完全掌握屬於你的賽局。

然而，這麼做需要了解如何利用自己的焦慮情緒。大多數人會無所謂地把焦慮表現出來，作出對自己和對身邊的人都沒有好處的情緒反應，但這不是焦慮的錯，焦慮本身就是絕佳的訊息，它可以促使我們查看情況並作出改變，甚至可以帶來額外的動力、能量和專注力。

如果你不是習慣性地用熬夜工作、無休止地瀏覽社群網站或 Snickers 巧克力棒來表現你的焦慮，而是花點時間問你的焦慮：「你想告訴我什麼？為什麼我收件匣中的這個人名讓我感到莫名恐懼？為什麼兩週後就要舉行的這個會議讓我很想喝杯伏特加？」反思是讓你的焦慮成為盟友的契機所在，它可以提供用其他方式無法取得的重要情報，凡此種種都是正視自己心中可怕感覺的獎勵！

想達到用一種新的方式看待焦慮（既不好也不壞，而是介於無法管理、可管理甚至有益之間）的目的，你可能需要拋棄長期以來關於何謂力量、權力和成功的信念。值得慶幸的是，領導力的樣貌正發生變化，而全球 Covid-19 的大流行加速了這種變化。我們都了解到在彼此面前表現得更真實的感覺很棒，未來的領導者不會是一個在會議桌前大放厥詞的人，真正的領導者將是脆弱而真誠的，善於建立一種能讓團隊渡過種種難關的支援性環境。

要做到這點，有三種心態需要改變。

首先是不再假裝身為領導者的你需要知道所有答案（這根本就不可能，也不實際）。我希望這是一種解放，對許多人來說，不再假裝意味著不再有掌控一切的必要，並了解到多數人工作時都是討厭失敗的。如果你假裝自己完全清楚後疫情時代的前進道路，沒人會相信你；反之，要採取一種對新知識保持開放的心態。

第二個改變是要學會忍受不安感。大多數的領導力書籍都要求你認知自己的優勢並利用它們，本書罕見地告訴你正視自己的軟肋，那是每個人都有，但大多數人不願承認的部分，也就是心理學家榮格[3]所說的自我的陰暗面（shadow

3 編註：Carl Gustav Jung，一八七五～一九六一，瑞士心理學家、精神科醫師，分析心理學的創始人。

self）。本書主張，如果你真想作為一名領導者**並且**拿出最高水平的表現，你就必須了解自己的弱點和你性格上的一些你寧可忽略的可怕面向。未來的領導力，尤其面對一個比以往的世代更焦慮也更能自在地談論它的新世代工作者，有賴於我們面對自己的心理景致並巧妙地駕馭它。

第三個心態轉變是利用你的新覺察和自我認識來學習更有效地溝通，以便幫助你的手下克服不確定感，包括適度分享脆弱性，同時守住專業底限，並讓你的團隊安心。你無法承諾一切，而且你沒有水晶球，但你畢竟是主管，你的團隊也期待你帶領，因此你勢必得拿出最佳技能和最大的努力。

一位知名的執行長拒絕隱瞞他和心理疾病的搏鬥，他於一九九〇年代開始說出真相，並利用他的平臺幫助他人，直到二〇一六年去世。他的故事依然如此動人——我還沒發現近年有足以與之比擬的例子。

當公司位於休斯頓的執行長菲利普．伯吉耶斯（Philip Burguieres）在一九九六年突然因病休假，他的公司股價暴跌了10%。伯吉耶斯是史上最年輕的《財星》世界500強企業執行長，但私底下卻忍受著讓他以為自己快死了的恐慌發作，以及嚴重的抑鬱和焦慮，有時他會想到自殺。

接受治療之後，伯吉耶斯利用他對自己病情的新知識，公開了他對抗焦慮和抑鬱的經歷，他能夠平等地站在一屋子富有白種人當中談論自己的感受，這一事實使得他的言論充滿權威。他成立了「CEO秘密人脈網」，成員們分享自己在心理健康方面的奮鬥經驗，並互相幫助熬過病痛。伯吉耶斯的耳語網絡傳播了一種福音，也是我經常從我的 Podcast 來賓那裡聽到的福音：當他們尋求治療並面對自己的感受時，他們「發現了（那些）好競爭的人自幼迴避的東西——人們不是透過展現自己的優勢來建立連結的，而是透過傾訴自己的恐懼、失望、傷痛以及他們的希望和夢想」。

換句話說，人無法獨自面對難關而好起來。伯吉耶斯逐漸了解到，孤立和隱藏感受使他的病情惡化，而分享自己的故事、幫助他人有助於他的康復。

我們可以從中學到重要的一課，領導力大師所說的關於將整個自我投入工作，或者以同理心、真誠進行領導等等全都是謊言，除非我們能談論自己在焦慮、抑鬱、過動症、強迫症、自殺意念，或其他足以影響我們的各種心理健康問題方面的經歷。因為，我們當然**已經**把整個自我投入了工作，而這些自我有時會非常痛苦，有時還可能非常討人厭。

在一個沉迷於自我優化的文化中，也難怪只有真正高效能的領導者能理解自己內在的惡魔，探索它們，並透過這麼做來消除這些惡魔。當我們否認自己的痛苦和黑暗的衝動，我們就無法真正抱有同理心，而被壓抑的傷痛遲早會湧現，或許還具有破壞性。為什麼那些教你如何成功的書籍不順便問問，我們最初為什麼會一再重複許多會讓自己陷入困境或不開心的行為模式？

因此，本書的很多內容都是關於讓目前無意識的東西變得有意識，很多糟糕領導的發生不是因為無能或缺乏遠見，而是因為人在沒覺察到的情況下對以往經歷所引發的焦慮和憤怒作出反應。舉個例子：你的社交焦慮實際上可能是一種源於整個初中期間都遭到取笑的習得行為，那是一段讓你感到羞恥、被排斥的極其痛苦的經歷。每當你被要求加入新的團隊，負面自我對話就會自動浮現：「我沒什麼可以替這次對話生色的；要是我開口，人家會認為我很笨；我甚至不該成為這個團體的一員。」多年來這種負面自我對話導致了一種核心信念，即你不值得大家去了解，或者你會因為你的貢獻而受到嚴厲評判。如今，社交活動讓你焦慮，以致你連一些重要會議和人脈拓展活動都避開了，你對社交的焦慮已成為一種習慣。

像這樣的反射反應一直在發生，因此在本書中，我偶爾會要求你回想你的原生家庭和過去的歷史，因為我們的自我概念和許多學習到的行為，早在童年時期就開始發展了。我們將檢視你在什麼樣的價值觀中成長，以及你在生命初期經歷的教訓和傷害是如何延續到你成年後的發展中，並塑造了你目前的領導方式。

實際上這關係到從我們的無意識反應和學習到的行為中如何拿回權力，然後在充分覺察的情況下，為我們自己和我們的組織作出最佳決策。一流領導者了解焦慮能夠如何激勵他們的行為，並能培養管理情緒反應的技能，同時了解是什麼激勵了他們團隊的行動。

領導力首先是一種心態，無論你的心理健康情況如何，它都是你為人的一部分。無論你從小就是個焦慮的成功者，或者你的焦慮出現在職業生涯中，我的任務就是幫助你理解、好好管理關於你大腦健康和性情的所有繁複無比的頭緒，讓你可以將自己打造成本該成為的那個強大、有效能的領導者。

前方的道路

在本書中，你偶爾會看到有人將自己的焦慮稱為超能力。我相信，如果我們努力去處理它，它可以成為一種超能力，但這裡存在一種緊張關係：很少有臨床醫生會把焦慮稱作超能力，毫無疑問，焦慮可能會嚴重妨礙健康並使我們失去機能。如果你的焦慮十分嚴重且有損健康，我鼓勵你放下書本，尋求專業協助，本書雖能幫助你優化機能，它的各種練習也有助於緩解徵狀，但它們無法取代治療。

但如果你每天生活在焦慮中，正尋求妥善地管理它，那麼本書將是你正在做的治療和其他心理健康療法的良好補充，我的論點是：管理得當的低度焦慮可以成為你在領導力方面的強大工具和合作夥伴。你可以同意或強烈反對焦慮能成為超能力的說法，但我希望如果你繼續讀下去，你將會發現焦慮的潛在好處。

本書分為兩個部分：在第一篇中，我描述並規範了許多領導者面臨的問題——如何在與焦慮搏鬥的同時取得成功並激勵他人。我們會發現，工作中的焦慮是一把雙面刃，若不加以控管，它可能會把你搞垮，但處理它並利用它的積極面向可以幫助你洞察機先，擴展同理心，更有效地進行溝通。我將分享許多統計數據和故事，幫助你了解你並不孤單，讓你明白成長經歷是如何繼續塑造你目前的焦慮體驗，以及你的領導方式。

第二篇主要討論焦慮在工作中爆發的具體方式，並確定許多焦慮的常見反應，例如過勞、完美主義、微管理、物質使用、酗酒或不健康飲食。它還提供了大量實用的建議、工具、經證實有效的應對機制，以及許多練習，讓你無論在工作中如何經歷焦慮，都能更妥善地加以管理。你會聽到來自有過親身經歷的領導者的真實故事，以及來自對焦慮有深入了解的專業人士的專家指導——是什麼觸發了焦慮，它如何在身體和情感上表現出來，還有，最重要的是，我們如何管理、治療它。

書中沒有單一的思想派別或治療形式，而是從不同的心理學和治療方針的流派中選出的多種工具和觀點。一般來說，大部分練習和技巧源於認知行為療法、接納與承諾療法[4]和正念心法[5]，因為這些工具極為實用而有效。有很多可以立即採用，對忙碌的專業人士是最可行的。

因此，無論你是因心理創傷發作而焦慮，一生都在和焦慮搏鬥，或者你正處於劇變之中，頭一次和這種強大的情緒共舞，你都不孤單——有許多經過驗證的工具可以幫助你不只管理情緒，更能茁壯成長，無論事業或個人。

有焦慮或其他心理健康問題並不表示你無法成為一名高效領導者，或者無法達到成功顛峰。它代表你可以努力變得更好，並找到成功的路徑；代表你感到恐懼但依然採取行動；代表你堅持不懈，儘管你很想放棄、作罷、躲藏或保持緘默——因為你記得你所能奉獻的東西是重要而有意義的。

4 編註：Acceptance and commitment therapy，簡稱「ACT」，由美國心理學家史蒂文・C・海耶斯（Steven C. Hayes）與其同事在九〇年代發展出來的治療理論，也是目前公認第三波認知行為治療中最具代表性的治療模式。

5 編註：Mindfulness，歐美泛指一套身心修練的系統，意指有意識地「覺知」當下身心與環境，並保持允許、非評判的態度。

Part 1

了解你的焦慮

1 焦慮的野心

許多人可以將他們最早的焦慮經歷追溯到童年，對我來說也是如此。我三歲時患有廣場恐懼症，我不肯離家，緊黏著媽媽，一種極端高度的戒備狀態「過度警覺」（Hypervigilance）始於我混亂的童年，直到今天我仍苦於應付。但促使我決心尋求協助的是我十九歲的一次可怕而嚴重的恐慌發作，我被診斷出患有循環型躁鬱症（後來修正為第二型躁鬱症）和廣泛性焦慮症，並幸運地接受了治療，主要以心理動力學療法[6]、認知行為療法[7]和抗抑鬱藥等方式。

儘管如此，在接下來幾年裡，我在焦慮和抑鬱之間來回擺盪。進入職場後，我的焦慮帶來了新的問題，因為整天跟人相處讓我筋疲力竭，我避開了許多能讓我升遷的東西，例如辦公室政治。有一次，我拒絕了上司旁邊的一間漂亮的大辦公室，因為知道他整天在隔壁讓我焦慮到不行。我在下班後的聚會上狂喝酒來掩飾社交焦慮，在開會前噁心想吐，害怕通電話並經常取消電話，不知多少次躲在公司盥洗室裡，還有，因為擔心以上種種狀況而失眠。在我二十多歲時，我已辭去九份工作，搬到了歐洲，接著非洲，全都為了尋找「合拍」的位子，一份我可以作出重大貢獻，而不必經歷類似情緒動盪的工作。

與此同時，我非常成功，我默默忍受痛苦，同時又很可靠、有遠見，勤奮而雄心勃勃。我的焦慮幫助我承擔了和我的野心相匹配的風險，且從事極具挑戰性的工作。二十五歲時，我在歐洲第二大線上旅遊公司負責行銷工作；二十六歲，我透過開創性的數位行銷策略幫一場美國總統競選活動籌集了數百萬美元；二十八歲，我成為一家全球傳播公司最年輕的副總裁。

但隨著事業的發展，焦慮加上我天生的野心，促使我總想做更多。沒有什麼成就是足夠的，這就是為什麼我還主持了兩個 Podcast 節目，寫了兩本書和幾十篇文章，還開啟了需要頻繁旅行的公開演說事業。有些日子我感覺像身兼三職，但我仍然擔心做得不夠。

隨著年齡增長，我找到好的治療方法、好的藥物和強大的生活常軌，這些基

6 編註：Psychodynamic therapy，治療方式是將重點放在剖析和解決內心的矛盾，並幫助我們認清自己需要作出改變的地方，包括性格特質、行動、行為，以及對事件的反應。

7 編註：Cognitive Behavioral Therapy，一種心理社交干涉療法，在應對精神病患者中是應用最廣泛的基於證據治療原則的方法。

本上讓我的焦慮變得安分了點。到了三、四十歲時，我找到更多平衡：結婚生子、創辦一家讓我可以自己設定工作時程的公司，並在難以承受的時候避開眾人。自二〇〇六年以來，我一直是採取遠距工作，早在它蔚為流行之前，我看不出自己會再回到辦公室。年齡的增長不僅讓我有了許多健康的視角，也給了我選擇工作和生活方式的靈活性和信心。

最重要的是，這一路上，我找到了人生的目標。我停止工作只是為了平息我的焦慮，並應用這股動力來界定我想產生的影響，你也可以這麼做。把它稱作你的「why」，你的目的，你的目標——任何能引起你共鳴，在困境中讓你定下心來的東西。

你可能有很多目標，有的宏大，有的渺小，它們會隨著時間而改變。例如，在二〇一〇年，我決定我的目標是把提供給在網路上寫作並創造內容的女性的高薪機會和一些建立利社會[8]公共政策的組織結合起來，這成了我的事業：「Women Online」諮詢公司。此外，我的目標是擁有一種能提供我靈活性和自主權，同時為我的孩子提供美好生活的工作生涯。近年，我的目標是為成功專業人士建立一個談論自身心理健康的論壇。

二〇一七年，當我為我的第一本書《躲在浴室裡》（*Hiding in the Bathroom*）

進行巡迴演講，一些東西突然到位。《躲在浴室裡》表面上是關於如何在你性格內向而且不喜歡人脈拓展和創業實務（那是我們自認取得成功所必需的）的同時，能夠實現對大事業的抱負，但在每次演說中，我都會開始討論焦慮所扮演的角色，而聽眾就會興奮起來。他們想討論我介紹哈佛商學院教授、企業家兼高管克莉絲汀娜．華萊士（Christina Wallace）的那一章，她有嚴重的童年創傷，且費了極大功夫去處理它的後遺症。「每當我感覺處在無法信任對方或者計畫遭到破壞的情況，就會進入『戰或逃』（fight-or-flight）模式。」她說，這往往導致她恐慌發作並陷入嚴重焦慮。例如，她發現她必須和上司、同事合作，設法提前預測會有什麼回饋，以便加以處理並作好準備，而不會毫無防備和焦慮。

即使如此，華萊士說，焦慮是一種天賦，因為「它讓我成為絕佳的上司（根據我在過去三家新創公司帶領的員工的說法），因為我更了解（我的員工）會喜歡什麼樣的回饋以及如何幫助他們表現出最佳的自己。」

不過，焦慮可不是簡單的天賦。華萊士指出，作為「打了類固醇的成功者[9]」

8 編註：prosocial behavior，一種自願的、有意識地助益他人或對社會有正面結果的行為，包含單純的助人行為和有計畫的助人行為，而不論助人者的動機。

9 編註：指運動員違規使用類固醇等禁藥來提升訓練效能及運動成績。

快又猛地推動了她的職業生涯。但是，她補充，「我必須確保我不光是為了獎牌或強大的簡歷而工作。」相反地，她專注在自己的目標和精神依靠上，「能讓我快樂並在情感和精神上得到滿足的東西。」

我的聽眾想談論像華萊士這樣的故事，他們想談論自身的焦慮，它如何傷害他們，如何使他們與眾不同。他們的好奇心激發我推出一個Podcast節目，在節目中我採訪了許多非常成功的企業家、政治家、運動選手和高管，討論關於他們在焦慮、抑鬱、躁鬱、強迫症和過動症方面的經歷。這些領導人經歷了難以置信的艱難時期，他們的心理健康考驗每天伴隨著他們；他們服用藥物，有些人住院治療，往往還對自己的腦袋非常氣惱；他們建立了龐大的工具包來管理自己的心理健康；他們全都是充滿使命感的領導者；他們無視焦慮，因為他們的價值觀要求他們現身、發揮作用並領導。

學會利用使命感有助於我在情況變得荒唐時重新引導我的焦慮。例如，如果我為一些其實無關緊要的事而產生表現焦慮，我可以要我的焦慮走開，過一陣子再回來。

創立「Women Online」諮詢公司後，我幾乎每週都會搭機去見客戶或演講。我有嚴重的飛行焦慮，討厭離開我的孩子，但我必須做好工作來供養孩子們。這就是為什麼每當在機場跑道上，我的焦慮爆發，我心想「我們快起飛了，我要死了……」的時候，我會深吸一口氣，連結上我的使命並告訴自己：「摩拉，妳這麼做不是為了玩樂，妳這麼做是為了妳的家人。」然後，我會使用呼吸法和其他痛苦耐受技巧來完成飛行。

當我的心情被焦慮支配，我的使命就會找到我。幾個月前，我處在一片黑暗中，既沮喪又焦慮，由於生活發生巨變，我感到無所適從。但後來我在 LinkedIn 上收到一位南美的 Podcast 聽眾的訊息，他說：「妳的書改變了我的生活。」這句話讓我檢視自己的使命，並制定了一個讓我的生活有了條理、同時減輕了痛苦情緒的計畫。

因為事實是，無論我嘗試了多少種治療方式（我幾乎全都試過了），都無法擺脫焦慮。對我來說，焦慮既是天賦，也是詛咒，它無疑是我人生中的伴侶。焦慮毀了我的很多日子，它偷走了不少快樂，但我把我的大部分成功歸功於我的焦慮，因為它使我成為獨特的領導者。我來解釋為何我會這麼認為，你不妨看看它能否引起你的共鳴：

- **焦慮的成功者擅長前瞻性計畫。**焦慮往往是關於未來的事，這導致焦慮的人成為天生的規劃者，所以我們經常在思考、預測接下來會如何。對領導者來說，這是一項卓越的技能，因為我們常需要想出創造性方法來應對未來的挑戰。應用在事業規劃時，占據我大腦的憂慮有助於推動成長，久而久之，我覺察到我的焦慮天性是我作為企業主成功的主要原因。例如，儘管我的事業始於部落格領域，但是對 Facebook、Instagram 等社群媒體的興起的關注，使得我早在客戶需求出現之前，就制定了在這些平臺上建立內容的計畫。

- **我們善體人意、有同理心。**同理心是一項領導力資產，在銷售或行銷產品時也非常有用。你提供的產品如何滿足人們的需求？你的客戶需要什麼來提高自信，即使他們沒有直接要求？他們希望同事如何看待他們？焦慮的人往往極具同理心，善於順應個人和團隊的動態。焦慮時，我們會擔心別人怎麼看我們，我們經常在尋找蛛絲馬跡，有時這股焦慮會誤導我們，使我們轉向內在，但如果我們轉而向外，探問：「我知道我現在很需要被傾聽，我的同事是否也有這感覺，我該如何確認呢？」我們就能變得更善於解決問題，提出創造性對策並解決衝突。我們也更善於管理員工，因為我了解我在工作中的焦慮反應，因此更能夠幫助其他人管理他們的領導焦慮。例如，當客戶變得需索無度，老是寄信來要求這個那個，我會停下來問自己：「她真的懷疑我的能力，還是她其實只是急於藉由這個戰略計畫得到她上司的賞識？」

- **我們努力工作並準備充分。**焦慮喜歡目標，當你能夠將焦慮導向一項特定任務，你會把一切熱望和精力都投入對細節、完整性和大量實務的關注上。你不會錯失最後期限，且會推出最好的最終成果，這就是為什麼我們在大型演說或提案之前會焦慮，以及為什麼我們能將活力帶到舞臺上。在本書中，你將學習建立可以支持你的各種目標，且不讓焦慮激起你的迴避行為的架構。

- **我們尋求幫助並建立基礎架構。**所有優秀的領導者都知道他們無法獨自對抗焦慮，無論是和你信任的團隊共事、安排你的日常以納入健康和康復，或者設下個人和專業界限，在焦慮中執行領導都需要一些基礎架構。我們需要確定一項緊急任務是因為焦慮而顯得急迫，或者因為它確實是優先事項。一旦弄清楚了，我們就可以不再因為擔憂而覺得被困住，而是採取行動，這將幫助我們更妥善地管理自己的時間，以及他人的時間。

焦慮伴隨著工作而生

經過多年在焦慮中生活、在高壓環境中工作（加上寫作、談論並研究焦慮、領導力和成人發展等議題），我確信焦慮已成為有效領導力不可分割的一部分。無論你有個漂亮頭銜並管理著數千員工，或者你是以小額資本創辦一家小型新創公司，領導都伴隨著升高的壓力和責任。當你是制定願景、定下基調、管理人員和確保結果的人，太多事情取決於你，只要投入工作就會經歷些許焦慮。

即使事情進展順利，即使你自認不是容易焦慮的人，或者無須和工作以外的焦慮搏鬥，結果也是如此。雖然對領導力的性質可能存在著意見分歧，我們都同意，它的一個決定性特徵是對未來的持久關注以及如何為它作好準備。因此，在真實意義上，儘管聽來很怪，但優秀領導者的工作就是焦慮，而且也應該要焦慮。

當我問哈佛商學院教授南希・科恩（Nancy Koehn），她研究的傳奇領袖當中（如林肯[10]、邱吉爾[11]和約翰・路易斯[12]）有多少人曾經面對焦慮和抑鬱，她毫不猶豫地回答：「絕大多數。」科恩的研究檢視了領導者如何從內在運作，以對世界發揮正面影響，她告訴我：「憑著完全的坦誠和二十五年的研究，我發現所有偉大的領導者遲早都得面對自己的恐懼、困惑，往往還有……瀕臨絕望……的某種真實形式或真正重要的面向。」

當領導者發現自己處於關鍵時刻，科恩又說：「即使他們不容易焦慮，也會發現自己突然陷入擔憂和恐懼，但使命感和為他人工作鞏固了心中較為強大的部分，它降低了恐懼量。」

優秀領導者的工作就是管理團隊，而且也應該有此能力，這表示他們必須依賴他人來實現所承諾的成果，這也伴隨著程度不等的焦慮。許多人猶豫著是否該讓出控制權和分派職責，難怪許多領導者喜歡微管理，因為這也是常見的焦慮徵兆。

此外，組織本身也可能是滋生焦慮的溫床，因此領導者不僅要努力應對個人焦慮，還要管理焦慮的手下。例如，一家公司的文化可能是懲罰性的，或者期待領導者設定並達成極為激進的目標，或者可能獎賞像是犧牲睡眠或過勞之類的不健康做法。組織也容易受到各種不可控的外在威脅的影響，例如新冠肺炎大流行或業務的週期性低迷，這些威脅可能會引發並維持集體焦慮。這就是工作的本質，而領導者總是被期許帶領他們的團隊和組織度過艱困時期。

10 編註：Abraham Lincoln，一八〇九～一八六五，第十六任美國總統。
11 編註：Winston Churchill，一八七四～一九六五，英國前首相。
12 編註：John Lewis，一八三六～一九二八，英國高檔連鎖百貨「John Lewis & Partners」的創辦人。

系統和生態因素會影響我們自己的心理健康，以及我們對他人的工作焦慮的反應方式，而有大量研究顯示，系統性種族歧視經歷和焦慮、抑鬱等負面心理狀況有關。辦公室裡的每個人都或多或少是系統性種族歧視、父權社會、體智能歧視和經濟不平等的產物，因此當你的種族、性別認同、性取向，或教育背景在某個組織或專業領域中落在多數人之外，挑戰便產生了。除了許多人仍面臨的公然歧視，在工作中屬於代表性不足的少數群體也得付出心理代價。在許多專業機構中，無法融入文化規範的人可能會經歷身為「唯一」的焦慮，在這種焦慮中，他們的差異性受到負面理解，他們也被期望應該要適應優勢群體。

想像一下，你是家裡第一個上大學的人，而你的辦公室裡大多數人似乎都擁有數代就讀常春藤盟校[13]的家世。你一直很出色，如今即將在一份大企業的工作中大展鴻圖。你很喜歡而且能夠勝任工作，但你常覺得格格不入，因為你的出身背景、歷史和文化認同和大多數同事很不一樣。然後有一天，你和你的上司一起在會議中，準備發言，這時有人隨口說了句關於你的教養文化的評論，直攻你的要害。它是針對你而來的？還是巧合？是不是巧合有差別嗎？充滿這類事件的工作生涯肯定會製造焦慮。

即使是健全的組織，光是它們的構成和管理方式就會產生壓力和焦慮。多群體和層級結構會引發對權力、影響力和地位的競爭（主要壓力源），而建立用來設定方向、評估績效並在許多情況下確定薪酬的目標、計畫和預算的幾乎是普世的做法，自然會產生壓力和焦慮。雖然感覺適當的焦慮來激發行動和提高績效是有幾分道理（這是我們將在書中討論的主題），但毫無疑問，許多人發現競爭環境的壓力很大，且會引發焦慮。

當然，組織中的每個人都會把自己的焦慮和不同的脾氣帶到工作中（這是免不了的），領導職位有時會需要我們去駕馭棘手的關係，管理難纏的人。即使你運氣好，和夢幻團隊共事，但人畢竟很複雜（「麻煩」或許是更貼切的形容），我們多半都帶著許多驅動我們行為的未解決問題，無論我們是否覺察到了。我們這些天生焦慮的人對壓力情境的反應不同於那些不焦慮的人，有些人患有神經生物學或遺傳性疾病，例如過動症或躁鬱症，但未被診斷出來，且會產生焦慮和麻煩行為。**所有人**都會表現出一些連自己都沒覺察到的焦慮和舊傷，領導者得要準備好引導他們的團隊度過許多會驅動個人行為，進而驅動業務和組織生活的人際「瑣務」的包袱。

13 編註：Ivy League，由哈佛、耶魯、普林斯頓、哥倫比亞、賓州、布朗、達特茅斯學院、康乃爾大學這八所美國東北部大學或獨立學院所組成的菁英大學聯盟。

總歸一句：焦慮伴隨著工作而來。你每天**都將**以某種方式，直接或間接地處理焦慮，因此唯一有效的方法是巧妙地管理它，甚至利用它來發揮自己的優勢。儘管我們可能想讓焦慮消失，但解決之道不是努力祈求它消失，或是藉由工作、喝酒、運動來忘掉、隱藏、否認甚至是壓抑它。

解決之道是，當焦慮開始破壞你的幸福感和工作表現時，請先取得你需要的協助，接著仔細探究，試著去了解是什麼導致你焦慮上升。這是一個稱職、有愛心的心理健康專家發揮巨大價值的時候，而且可喜的是，焦慮是極具治療希望的。

但恕我直言：如果你遲遲不正視你的焦慮，它就會把你拖垮。因此，別滿足於那些能在短期內緩解你不安情緒的速成法，而要勇敢探索自己的歷史和內在驅動力，同時去了解引起你焦慮的因素。這些原因有多根深柢固？你的焦慮及其觸發因子是不是某種較大的行為模式的一部分？你如何在工作中表現出焦慮衝動？這些行動的效果如何？

這裡的總體目標是雙重的：到達一個你知道是什麼讓你焦慮，以及你通常如何應對焦慮的地方，並建立一個可利用的可靠工具包，以便在工作生涯中勝出，無論焦慮可能給你帶來什麼挑戰。或許很難相信，但你**可以**在感到焦慮的同時施展充滿權威和影響力的領導。即使你心煩意亂，對自己深感不安，你仍然可以鼓舞、激勵他人。

如果你難以相信有這等好事，我只能說：繼續讀下去。你將在本書中遇見許多了不起的人，一群在面對嚴重心理和情緒挑戰的同時達到成功和影響力顛峰的領導者，這些領導者學會了有意識地領導，充分覺察到自己的焦慮觸發因子以及優先的補救措施。在許多情況下，他們甚至學會將焦慮作為個人導師，這讓他們比競爭對手更具優勢、激發他們的動力，並在自己的領域脫穎而出的有利條件。

心理健康的方方面面

要開始學習如何處理焦慮，我們需要先認識一些關於心理健康以及焦慮如何、為何會起作用的基本原理。不妨將心理健康想像成一道光譜，我們談論的不全然是心理**疾病**，而是任何一種心理或情緒苦惱經歷。在光譜的一端是惱人但易於處理的輕微日常壓力，另一端則是會讓人痛苦、失去機能的臨床心理健康問題。

在兩個極端之間（也是生活的大部分狀況），羅列著範圍極廣的心理健康症狀和經歷，從悲傷、不安、焦慮一直到倦怠、腦霧或抑鬱，而其中每一種的嚴重程度和發作頻率都可能波動起伏。例如，我患有臨床焦慮症和抑鬱，但在某些日子裡，一切感覺很美好，而在其他時候，尤其如果我正在處理工作危機而且睡得不好，我的焦慮會上升，將我推向光譜較不健康的一端。

關鍵是，有各式各樣棘手的心理健康經歷，我們**都會**在某個時候體驗其中的一些。事實上，美國心理學會最近的一項研究發現，多達八成的人會經歷可診斷的心理健康狀況，例如焦慮、重度抑鬱症或物質使用障礙。精神疾病是如此普遍，以致研究人員得出結論，「在生命歷程中的某個時刻經歷可診斷的心理障礙已是**常態**，而非例外」，並且「生活中沒有心理障礙的人實際上是少數。」有多少？根據這項從受測者出生一路追蹤到他們中年的研究顯示，只占17%。

說到這裡，希望你已在這當中看見一線希望，如果你曾擔心自己是唯一為此煩惱的人，你可以把這份恐懼放下（或者，你可能會發現那個向來掌控感十足的穩重同事其實只是演技好而感到欣慰）。心理困擾只是人類境況[14]的一部分，多數時候，一旦艱難的情況解決，艱難的感覺就會過去，甚至對那些具有確診的心理健康情況的人來說，症狀的嚴重程度和發作頻率也會隨著事件、治療介入和預防措施而變化，有些會透過正確的治療而獲得解決。令人欣慰的是，我們全都在一條船上，我們也都有足夠對策可以改善現況，今天看似不可能的事，到了明天可能就會有新的進展。

然而，這種不同經歷的光譜引發了一些關鍵問題：日常壓力和嚴重焦慮之間有什麼區別？到什麼程度焦慮會構成問題，成為真正的**焦慮症**？

首先，壓力和焦慮有一些相似之處，但它們並不相同，區分兩者非常重要，因為它們的差異突顯了焦慮的一個令人安心的特徵。壓力是我們在面對真正威脅時的感受，那通常是我們以外的東西（在高速公路上差點失事、需要為預算短缺辯護、被裁員的流言）。雖然壓力的來源是外在的（通常不受我們掌控的事件和情況），但焦慮的源頭卻是**內在**的，往往可以歸結為一種對可能發生的狀況的恐懼。美國焦慮和抑鬱協會（The Anxiety and Depression Association of America）扼要說明了這種區別：「壓力是在某種情況下對威脅的反應。焦慮則是對壓力的反應。」

雖然壓力和焦慮會產生相同的心理和身體症狀（憂慮、易怒、失眠、心悸、手心出汗、頭痛、顫抖），但一旦外在威脅（壓力源）消失或問題得到解決，壓力症狀就會消退；另一方面，關於焦慮，即使相關事件結束，或根本沒有明顯威脅時，不良情緒仍會持續。

我們很難控制一輛突然改變車道的汽車（或者工作帶來的日常壓力源和精神壓力），但焦慮是另一回事，因為焦慮是我們大腦創造的一種內在情緒，**我們可**

14 編註：human condition，出自政治哲學家漢娜・鄂蘭（Hannah Arendt）的著作，也翻作「人間條件」、「人的條件」、「人類的處境」等等。

以學習管理它，即使有時我們可能會在它的掌控下感到無助。我們可以去理解我們的大腦如何以及為何會喚起內在的焦慮，這給了我們解決它的力量，而不再任它擺布。

我想強調的是，同時經歷壓力和焦慮是完全正常的，即使是高度焦慮的時刻，例如恐慌發作，也不必然表示你患有焦慮症。嚴重到足以用臨床診斷證實的焦慮有兩個特徵：首先，它是過度、壓倒性的，和情況不相稱，例如不同於多數人在演說前常有的緊張不安，你發現自己執著於擔心自己會出糗，呼吸急促又噁心。

其次，它會干擾或妨礙你從事日常活動，擔心在結冰道路上開車是完全正常的，但如果你恐懼到整個冬天都不敢上路，就是處在焦慮症的狀態。同樣地，在前面的例子中，如果你極力避免在公共場合講話，即使你嚮往的工作需要你這麼做，或者你內心深處其實真的很想要有所表現，那麼這可能是焦慮症的指標。

錯失機會是焦慮不受控的一個大不幸，如果我們不學會加以管控，焦慮可能會阻礙我們去做我們真正想做的事，成為我們真正想成為的人。

或者有時候，即使我們能堅定地熬過讓我們焦慮的情況，我們用來透過難關的手段可能需要極高代價。《大西洋月刊》（*Atlantic*）總編輯史考特·史塔索（Scott Stossel）在他的《我的焦慮歲月》（*My Age of Anxiety*）一書中引人入勝地描述了他一生對抗焦慮的經歷，包括在和團隊交談之前喝伏特加，這樣的故事太普遍了，因為我們當中有許多人試圖自行服藥或從事不健康的行為來應對焦慮。

如果你也是如此，現在就試試這個簡單的思考練習：想像一下，如果焦慮沒有阻礙你，你會成為什麼樣的人？請完整、生動地描繪那個人。你是誰？你在哪裡？你正在做什麼？你正發揮什麼樣的影響力？你是那個在紐約證券交易所敲響開市鐘[15]的人？你是那個帶領著一支團結又積極的隊伍設計一種足以改善數百萬人生活的產品的人？你是那個創立了一系列非常成功的新創公司，然後在四十五歲退休，花時間指導年輕創業者的人？你是那個離開了公司職位，開心投入你夢寐以求的在家創業的個體經營者？你是那個搭機出差，清醒而冷靜，不怕飛機墜毀的人？

或者你只希望每天早上不會在焦慮不安當中醒來？

無論你的夢想是什麼，記住這個人。**這就是那個不受未經檢視、管控的焦慮阻礙的你。**當你學會讓焦慮成為你的夥伴，你將越來越成為這個人。

15 編註：美國自一八〇〇年代起用敲鐘來宣告股市開盤和收盤，紐約證交所在一九五〇年代首次邀請貴賓敲鐘，但要到一九九〇年代敲鐘才成為納斯達克和紐約交易所的日常儀式。

焦慮，你的忠實夥伴

當焦慮令你痛苦，你很容易把它視為必須不計一切加以征服的敵人，但腦科學所揭示的結果卻是另一回事。

毫不誇張地說，大腦的主要工作是讓我們活著，它不僅透過調節心率、血壓和體溫等體徵來做到這點，還得要不斷掃描我們的環境以尋找潛在威脅。所有這些都發生在我們的邊緣系統[16]沒有意識覺知的情況下，該系統被認為是大腦最古老、原始的部分。

我們關注的邊緣系統區域是一種稱為杏仁核的複雜細胞結構，就在這裡，我們的基本生存機制遇上我們的情緒，而且不見得有好的反應。杏仁核有時被稱為我們的「威脅探測器」，負責處理可怕或威脅性的刺激，在感知到危險時觸發「戰鬥、逃跑或僵直」反應。杏仁核也具有為事件附加情感意義的作用，這有助於將它們轉譯到記憶中，這就是為什麼我們非常容易記住高度情緒化的事，例如孩子的出生或者和伴侶的激烈爭吵，或者某個把你嚇個半死的事件。

當你的大腦將可怕事件轉譯到你的長期記憶中，它這麼做是出於一種基本的生存本能：它希望你避開它感知為危險的情況。而且從演化角度來看，由於杏仁核是大腦的一個極其古老的部分，它的核心訓練發生在人類經常遭逢危及生命的險境（例如遇上劍齒虎和狼群）的時期。雖然今天大多數人很少遇上這類危險，但我們大腦的這個原始部分有時仍然會像我們遇上了一樣產生作用，並作出反應。簡單地說，我們天生會恐懼，因為我們天生要追求生存。

但事情是這樣的，有些人的杏仁核過度警戒，有點容易激動且保護性強，我們當中的許多人擁有既過度警戒又好戰的杏仁核，容易緊張不安，動輒以為每個窸窣作響的灌木叢後面都潛伏著一隻劍齒虎，其實只是風罷了。

著名心理學家羅洛．梅[17]提到「焦慮是人類生存的重要條件」，他這話就是字面上的意思。焦慮的存在是為了防止我們受到傷害，但在焦慮的個體中，情況可能變得混亂不堪。「獵捕我們的不再是老虎和乳齒象，而是對我們自尊的損害，對我們群體的排斥，或者在激烈競爭中失敗的威脅，」梅在一九七七年寫道，「焦慮的形式發生了變化，但體驗相對來說是一樣的。」麻薩諸塞大學臨床心理學者兼醫學

16 編註：limbic system，指包含海馬體及杏仁體在內，支援多種功能例如情緒、行為及長期記憶的大腦結構。

17 編註：Rollo May，一九〇九～一九九四，美國存在主義心理學家，代表作為《愛與意志》（*Love and Will*）。

教授克莉絲汀・朗尼恩（Christine Runyan）對此表示贊同。她解釋道：「當我們面對任何不確定感，無論規模大小，真實或想像，我們的威脅評估系統都會被啟動。」

我想強調朗尼恩為領導者提出的一個關鍵點：威脅評估系統會對任何不確定感作出反應。什麼工作不包括不確定感？市場可能會動盪、有價值的團隊成員可能會離職、經濟衰退可能會發生、流行病可能會席捲全球、供應鏈可能會中斷……對許多人來說，焦慮可以歸結為對不確定未來的恐懼，而領導階層的部分責任便是盡其所能預測未來，並作出能帶來預期結果的決策。可是當然，這事無法保證。由於領導的本質中存在如此多的不確定感，難怪那麼多領導者都是在高度焦慮的基礎上運作的。

但困難就在這裡，杏仁核無法辨別真正危及我們性命的威脅（如健行時偶然遇上的灰熊）以及**感覺**會危及性命的事件（例如向董事會提交獲利預測報告）兩者的差異。無論哪一種，只要大腦偵測到任何它理解為威脅的東西，就會自動啟動「戰鬥、逃跑或僵直」反應。當**這種情況**發生時，我們會經歷每個人都熟悉的一系列身體和情緒反應：心怦怦狂跳、呼吸急促、肌肉緊繃和顫抖、冒汗，可能還有噁心或其他消化問題。**恐懼**，這是身體讓我們準備好和某個感知到的敵人作戰、逃離牠或裝死一邊等牠遠離的方式。

當我們的生命或我們親人的生命岌岌可危時，所有這些都很適當而可喜（如果不巧碰上一隻灰熊，我們會需要大量的腎上腺素、速度、力量和高度的專注力）。但是那些常有過度焦慮體驗的人，即使面對不具生命危險的事件，都會感受到這種五級警戒的恐懼。一旦不斷追求效率的大腦發現了感知到的威脅，以及被啟動的威脅評估系統之間的神經路徑，它就會習慣於經歷焦慮反應，驅使我們的身體賣力運轉。

大腦的無意識反應創造了焦慮的一個更令人沮喪的面向：它往往是非理性的。我們**明知道**，為了即將在社交場合寒暄聊天而恐慌是毫無道理的，但我們還是縮在角落裡，出汗、發抖，怎麼都無法說服自己安心；或者我們會發現自己幾乎長期處在略高的焦慮狀態，被憂慮和沒來由的模糊恐懼感籠罩。

好了，說了這麼多，也許你想知道我是如何開始將焦慮形容成夥伴或天賦的。這得要追溯到焦慮的源頭：焦慮存在的根本原因是為了保護我們的安全。因此焦慮本身並非我們的敵人，而且正好相反，它被設計成我們的朋友和保護者，能讓我們遠離傷害。

我發現，牢記這個基本真理，並以此為基礎開始學習如何處理我的焦慮，而不是和它進行一場必敗的戰鬥，是極有幫助的。當我的焦慮開始升高，我會提醒自己，我的大腦沒壞，我的焦慮也不是來搞垮我的。我的大腦實際上是以一種合理、預期中甚至善意的方式在運作的，它正努力保護我不受某種顯著威脅的傷害。

當我能夠在自己和焦慮之間拉開一點距離，我就可以更冷靜地對待焦慮，感謝它在努力保護我時表現絕佳，同時問自己是什麼觸發了它。採取這種理智上和心理上的轉換有很大的好處，從將焦慮視為需要消滅的敵人，到把它看成一個非常努力想幫忙的熱心過度的朋友，你將從一種合作的角度出發，狀況好時甚至可能充滿感激。

如果你離這還很遠，沒關係，學習把焦慮當作朋友和夥伴那樣共同生活需要時間。可喜的是，就像你的大腦已找出習慣性地引發焦慮反應的神經路徑，它也會根據你的選擇、行動和行為形成新的神經連結，這種現象被稱為**神經可塑性**[18]，這表示我們不必在焦慮面前充滿無助。

因此，即使你擺脫不了焦慮症，但你可以採取行動來改變你的想法，進而積極改變你的行為，讓你的焦慮更容易控制。無論你的焦慮感覺多麼根深柢固，總是有可能改變、改進並學習新的應對技巧。

而這正是我們這些「超成功者」（overachiever，成就超過預料）擅長的領域。

2 焦慮是一把雙面刃

艾麗莎・馬斯托蒙納克（Alyssa Mastromonaco）建立了漫長而傳奇的政治生涯，但她最出名的或許是她在歐巴馬[19]任內擔任白宮副幕僚長的角色——有史以來擔任該職位的最年輕者（對影集《白宮風雲》〔*The West Wing*〕的粉絲來說，她就是歐巴馬總統的喬希・萊曼[20]）。在歐巴馬之後，馬斯托蒙納克成為網路媒體Vice Media營運長，接著是A&E Networks全球傳播策略與人才總裁；她還是《紐約時報》暢銷作家，《美麗佳人》雜誌特約編輯，以及Crooked Media政媒公司「歇斯底里」（Hysteria）Podcast節目共同主持人。她在患有焦慮和腸躁症（常因為焦慮而加劇）的同時完成了所有這些工作。

美國總統歐巴馬依賴馬斯托蒙納克處理政務長達十多年（從他擔任總統前開

18 編註：neuroplasticity，又稱神經功能重塑，是腦內神經網絡具有藉生長和重組而改變結構和功能的能力，當腦部以某種方式重新連接起來，會與先前不同的方式運作。

19 編註：Barack Obama，一九六一～，第四十四任美國總統。

20 編註：Josh Lyman，該劇裡總統幕僚中頭腦最敏銳的人之一，是個機智、自大、孩子氣又迷人的萬事通。

始），從政府停擺，到埃及前總統穆巴拉克[21]被廢黜後從開羅撤離美國公民，再到推動《平價醫療法案》[22]的透過。幾乎不可能有比這節奏更快，壓力更大、更耗時耗力的工作了，那麼一個焦慮的人是如何在這樣的環境中取得成功的？

這個嘛，和許多焦慮的成功者一樣，馬斯托蒙納克把導致她如此有效能的極度專注和生產力歸功於她的焦慮。「如今我明白，我當時的焦慮其實非常有益，」她告訴我，「我認為，由於我太投入了，因此我能掌控一切，並藉以發揮我的優勢。」在馬斯托蒙納克的例子中，焦慮促使她不斷超前思考，不僅預測了許多潛在問題，還為每個問題找出多種對策。「我的部分焦慮讓我變得挑剔，」她說：「因為你掌控得越多，越知道將會發生什麼，你的壓力就越小。」這也意味著你的團隊、你的上司和你的組織的壓力更小，進步更多。

儘管未經治療的焦慮症遲早會削弱你的領導能力，生活在**經過管理**的焦慮中卻是另一回事。經過管理的焦慮可以提高生產力並為你帶來競爭優勢，而學會和不安情緒**共事**的焦慮領導者，實際上在壓力情況下會比其他人做得更好。在艱難時期，不習慣處理焦慮的人可能會徹夜不眠，我們卻能安睡；當危機來襲，我們已準備就緒，因為我們可能在腦海中排練過無數次這種情況；甚至有數據顯示，焦慮者的大腦處理威脅的區域和較優閒的人不同（是由負責**行動**的區域處理的）。

這種對威脅或恐懼局勢的快速反應非但不是障礙，而是重大優勢，甚至會有一種安心感，因為問題來了：我們可以開始好好利用這股緊張的能量了！

我們這些已學會充分利用自己的不安情緒的焦慮領導者，其實有不少東西可以教別人，因為我們知道如何管理我們的恐懼，使它們成為資產而不是負債。例如，我了解到我的社交焦慮天性讓我成為一個隨和、好奇而體貼的傾聽者，這項技能比任何精采的提案報告更能推動我的業務和行銷事業。同樣地，馬斯托蒙納克的過度警戒以及淒楚知道在危機中需要什麼的第六感，也使她成為高風險、高影響力職位的完美人選。

焦慮的人們已變得習慣專注於未來以及它可能帶來什麼，因而就像馬斯托蒙納克一樣，能夠在問題出現時立即採取多種對策，而且隨時準備抓住其他人可能根本沒察覺的機會。在經濟危機中，讓我們夜不成眠的焦慮可能會幫助我們探索出讓我們的事業保持運作的方法，我們也比較能安於不自在的感覺，而在職業生

21 編註：Hosni Mubarak，一九二八～二〇二〇，自一九八一年起擔任埃及總統至二〇一一年初，時間長達三十年之久。

22 編註：Affordable Care Act，亦稱為《平價醫療法案》，俗稱「歐記健保」，是美國第一一一屆國會制定的聯邦法規，由歐巴馬總統於二〇一〇年三月二十三日簽署成為法律，藉此改變美國人如何取得健康照護、醫療保險及其產生的費用與分攤問題。

涯中有很多這樣的感覺需要面對。當深思熟慮地加以引導，焦慮可以激勵我們更認真，更了解人際關係的動態，更關注細節，同時更快速地產生結果。它可以打破障礙，創造新的聯繫；它可以讓我們的團隊更機敏、更有成效和創造力，也可以使我們更具韌性。

因此在本章中，我將幫助你了解焦慮的另一面，讓你可以開始用新的眼光看待它。焦慮非但不是無用或有害的，還可能提供領導優勢，關鍵是充分利用它的積極面向，同時減輕其消極面。你或許無法擺脫焦慮，甚至無法完全控制它，但你可以學習用一種有利於你並增強你的效能的方式來管理它，也許有朝一日你將躋身於那些將他們的成就歸功於自身的焦慮的領導者之列，即使一路上崎嶇難行。

心理健康和成功的關聯性

當我在二〇一四年創造「創業春夢」（entrepreneurship porn）一詞，我並未仔細考慮我們對企業傳奇的跌宕起伏和功敗垂成事件的癡迷，是如何粉飾、美化了許多可能導致心理健康不佳的習慣，例如長期失眠和過勞。這些故事掩蓋的是許多頂尖成功人士所感受到的焦慮、抑鬱和其他心理健康麻煩。越來越多證據顯示，「不良心理健康」（mental ill health，一個涵蓋了可診斷的心理健康障礙和嚴重心理健康問題的用語）在頂尖成功人士當中更為普遍。

在一項常被引用的針對企業家的調查中，抽樣組中有72％受測者受到心理健康問題的影響。比起對照組，企業家更容易表示自己有心理健康狀況（49％）、抑鬱症（30％）、過動症（29％）、物質使用（12％）和躁鬱症（11％）。就在二〇二一年，Mind Share Partners、學生輔助計畫（SAP）和Qualtrics問卷平臺所做的一項調查的數據顯示，相較於經理階層和個人員工，高階主管和C級受訪者表示自己至少有一種心理健康症狀的可能性分別高出82％和78％。一些研究發現，執行長患有抑鬱症的機率是一般人的**兩倍**多，可能是因為工作壓力太大、孤立和倦怠。或許出於類似的原因，據估計，擔任管理職位的人當中有10％多有物質使用障礙。甚至有證據顯示，高階管理階層有較高的精神症罹患率：一般人約有1％表現出精神症行為，但在高管人員當中，比率高達3.5％。

為何積極進取、有成就的人似乎特別容易受到精神疾病的影響？這是個科學家們尚未完全理解的有趣問題，但一些研究人員觀察到，那些促使成功者脫穎而出的特質一旦走向極端，也有其黑暗的一面。例如，高度專注、不懈的奉獻精神、冒險精神和野心勃勃是許多頂尖成功人士的標誌，但如果做得太過火，或者沒有用一些緩和習慣和特質加以平衡，就可能帶來嚴重的心理健康後果。例如，如果沒有適當的節制，高度專注可能會演變成過度思考、反覆沉思或執迷；不懈的奉獻會變成過勞並導致倦怠，尤其如果你經常犧牲睡眠和社交連結；如果在沒有團隊意見參與的情況貿然行動，或者基於焦慮而作出衝動決策，冒險精神很可能會帶來災難；過人的野心則會導致你採取一種很難持續的工作節奏，一旦沒有達到你為自己設定的（也許不切實際的）目標，就可能導致焦慮和抑鬱。

不過當然，擁有這些特質的任何一種甚至全部都有，並不就表示你有心理健康障礙，優秀領導者每一種都多少要具備一些，最關鍵的一點是：積極進取而取得成功**以及**心理不健康風險高於平均水平之間的關聯性，突顯了有利於工作表現以及心理健康的習慣的必要性。適當的自我照護，包括充足睡眠、醫療、健身、健康飲食、工作休假和社會支援等，是絕不可少的。對每個努力追求最佳表現的領導者是這樣，對那些容易焦慮或者經過心理健康診斷的人尤其如此。

有利成功的自我照護還包括，盡可能營造出能配合你的性格和心理健康的工作環境。當我離開公司職位並開始在家獨自工作（可以自己決定日程安排和工作環境），我的心理健康得到了極大改善。對於你的角色也是如此：要找到或創造符合你的優勢和性格特質，而且，同等重要的是，能把現有的弱點和焦慮觸發因子降到最低的工作。例如，如果你是熱愛交際、合群又外向的人，那麼獨自在地下室工作並不是你追求心理健康或成功的最佳方式。

因為壓力和焦慮會伴隨著工作而來，而隨著事業獲利帶來更多監督和期待，兩者將會逐步升級，因此你需要確保你的各項支援就緒，以便你能熟練地應付對你的時間、責任和產出的日益增長的需求。當我們變得忙碌、工作滿檔，我們首先要做的應該是自我照護實務和停工活動。但是，我們這些焦慮的成功者必須把自我照護看成像我們的工作成果那樣不可或缺。如果沒有足夠的支援和自我照護，升高的壓力很容易演變成棘手的焦慮，疲憊和過勞會升級為倦怠，不健康的應對機制則很容易變成破壞我們成功的壞習慣。如果不加以控制，下降的情緒螺旋甚至會引發嚴重的心理健康狀況，當然也會讓既有的診斷惡化。

縱使艾麗莎．馬斯托蒙納克能夠有效利用她的焦慮天性來產生非凡成果，最終還是無法繼續承受工作的緊張節奏和極度壓力。她的起床鬧鐘常以腸躁症頻繁發作的形式出現，最後，精神和肉體的極度疲憊讓她進了白宮醫療單位，無法再工作，而她花了兩個月時間才恢復到滿血狀態。

但馬斯托蒙納克的康復一直到她離開白宮後才真正開始。當時她突然有了大量空閒時間，無處可發洩她的焦慮，她變得嚴重抑鬱，並休了六個月的假。但她說：「我沒有真正做我該做的減壓工作，而是大哭特哭……並且變得非常執著於找工作，因為我認為，只要我找到工作並且在某處開始幹活，那種感覺就會消失。」馬斯托蒙納克找到另一份高強度、高壓力的工作，還增加了必須過渡到一種和白宮截然不同的文化的難度。她的身體再度發出求救信號，在難忍的胃痛讓她在不到一個月內三度進入急診室之後，一位朋友將她轉介給胃腸科醫生，這時她才終於了解她痛苦的根源，以及如何改善它。

她這樣描述：「『是這樣的，』胃腸科醫生說：『妳患有腸躁症，但因為妳有嚴重焦慮，因此情況變得更嚴重。』我只是一直壓抑它、壓抑它，直到我的身體說，『停，我受不了了。』」馬斯托蒙納克接受了治療並開始服用抗抑鬱藥，而且，忠於她的本性，她開始公開分享自己對抗腸躁症和焦慮的經歷。如今她仍然有焦慮症，但已經好多了，因為她作了努力來改善它，並學會從焦慮的積極面受益，同時拋開有害的影響。

焦慮的壞名聲

過去幾年，我常碰到一種看法，即焦慮是一種無生產力、有害的情緒狀態，因此應該透過任何必要手段把它根除。我屢次接收到一些人的反對意見，他們認為所謂的負面情緒（如焦慮、憤怒、痛苦或悲傷）是有害的，對我們沒有好處，因此應該被清除（或設法把它釋放）。作為一個長期深受焦慮負面影響折磨的人，我完全理解這些觀點從何而來，我們都不想承受痛苦，而未經管控的焦慮是無用且有害的，它對誰都沒有好處。

然而，我願意站出來疾呼，其實焦慮背負了莫須有的罪名，試圖根除或消滅它（或就此而言，任何其他難搞的情緒）終究會破壞你的領導力和心理健康。

如果你天生焦慮，那麼它只是你的一部分，雖然你可以學習減少焦慮的有害影響，並以更健康、有效的方式應對焦慮，但沒有任何介入措施可以讓你性格的這個核心部分消失。你不需要為自己的本性難過，也不必浪費時間試圖變成另一個人，也許你有些地方要努力（誰沒有呢），但基本上你只要做自己就夠了，你可以為世界作出唯有你（憑著你所有的獨特技能、煩惱焦慮和經驗）才能做到的獨特貢獻。

我經歷了一次重大轉折：我了解到我不需要達成難以企及的完美心理和情緒健康的目標，也能有好的工作表現，而且我也不需要改變自己的天性或設法「治癒」自己的焦慮。相反地，目標是不再漫不經心地對焦慮作出反應（這往往會導致決策不力，助長我們的不快樂），而要開始在焦慮到來時審慎地加以回應，更用心的狀態，你會逐漸發現你的焦慮本性帶來的好處。

紐約大學神經科學和心理學教授溫蒂・鈴木（Wendy Suzuki）是反對將焦慮看得一無是處的傳統觀點的先鋒之一，她在神經可塑性（大腦適應環境的能力）方面的著作，成為她研究人如何控制焦慮，進而使它成為有用工具（而非只是支配我們的消極而無益的感覺）的基礎。

關鍵是在這種理想狀態（警覺並準備採取行動）和損害我們功能的負面焦慮之間找到平衡，鈴木所定義的「良好的焦慮」指的是讓我們能夠投入、充滿警覺，**壓力大到剛好足夠**把注意力最大化，以便專注於我們想做的事情上的那個身腦（body-brain）空間。「想想你表現最好的時候，」她說。「對我來說，那是我緊張不安、有點害怕的時候。」事實上，在公開演說之前，要是她不緊張，她會知道自己準備得不夠認真，因此，鈴木實際上欣然接受她的焦慮作為「活化能」[23]，來讓自己保持積極和專注。

但是，如果你還無法在好的、有成效的焦慮以及壞的、無法管控的焦慮之間找到平衡點，如果你的焦慮症已痛苦到了讓你只想逃開，那該怎麼辦？

首先，別對自己太嚴苛，因為體驗不快的感覺十分難受，想逃跑是很自然的。「我們都需要經常練習帶著我們的感受、帶著那股不安靜靜坐著，而不急著掩蓋、否定、逃避，或轉移注意力。」鈴木說。帶著不安靜靜坐著可以達成兩件事：「你會習慣那種（焦慮的）感覺，了解到你確實能安然度過，而且你也給了自己的腦子時間和空間去作出關於如何行動或回應的更明智決定。這正是建立新的、更積極的神經路徑的方式。」事實上，我們可以重新訓練大腦用新的、更有生成力的方式去回應焦慮情緒。方便的話，你甚至可以練習接受焦慮的感覺，將情緒釋放出去而不對它們作出反應。我們可以學著接受，焦慮雖然不愉快，但不會要我們的命，我們甚至可以欣然接納它作為一種生產力。

這確實需要一些練習，但「這正是我們這些患有焦慮症的人在發展這種超能力方面具有明顯優勢的原因。」鈴木說。「為什麼？因為你唯有在察覺到什麼行不通時，才會重新評估，而焦慮情緒正可以突顯這點……再也沒有比你自己的一連串焦慮觸發因子更好的、可以告訴你該做什麼努力的行為動力了，它們可以成為通往你目前人生中所能達成的許多最佳成就和轉變的路徑。」

鈴木描述了她自己生活中的類似例子，那是一個過勞、孤單，經常感到不滿意的艱難時期。她採取了許多能讓身體好轉的生活方式（健身、改善營養和冥

23 編註：activation energy，化學名詞，指讓化學反應發生所需的最低能量。

想），但她也開始關注自己的焦慮，而且發現它有話要說。「我的焦慮是一個大大的紅色閃爍信號燈，其實它想說的是，**妳的生活需要更多社會互動、朋友、友誼和愛！妳不是一個只會工作的機器人！注意我發送給妳的所有的負面情緒，它們在傳達一個訊息！這些負面情緒是有價值的！**」

焦慮感可能是你的大腦提醒你需要作出改變的一種方式，這是焦慮作為我們忠誠友伴的方式之一，這當中有它提供的一個隱藏的贈與。有模糊的不滿和不安感？也許它們在暗示目前你從事的職業並非最適合你的；每當面對害怕的任務時照例會出現的反覆思索和焦躁？也許你的焦慮在告訴你，你學非所用。

當你較能夠自在面對負面情緒，能夠聆聽、留意它們的訊息，真正的轉變就會發生。然後，鈴木說，你便有機會「去做一些不同的事，用不同的方式去做一些事，也許用一種地表沒人用過的方式去做一些事。」你真幸運！

一旦我們能和焦慮共處並從中學習，我們便採取了一種鈴木所說的「行動家心態」，這正是我們需要的，以便利用焦慮的生成力（generative power），並最終開啟她發現的焦慮超能力，例如更好的專注力，更強的身體和情緒韌性，更高的生產力和績效，並且激發創造力，同理心和同情心。

鈴木分享了莫妮卡（化名，一位專門從事企業發展的創業顧問）的故事，莫妮卡是如此充滿幹勁而成功，以致贏得了「女超人」的綽號。她也是一輩子深受焦慮症之苦，在她早期的職業生涯中，她的焦慮天性表現為「每一次行動和每一個最後決策」都要操心，結果工作變得無比繁重，讓莫妮卡起了轉行的念頭。

後來她覺察到，導致她擔憂、質疑每個行動的強迫傾向其實是一種商業資產。莫妮卡沒有試圖擺脫她在壓力下所經歷的不安感覺，而是選擇訓練她的注意力去找出特定情況下所有可能的陷阱，由此產生的「假設清單」（what-if list）成為「幫助她對手上的任何業務提議進行更有效、完整的評估的工具」。自從領悟這點之後，莫妮卡不僅期待她的焦慮在她需要作出業務決策時浮現，她**要**它浮現。她說：「接納自己的焦慮使我成為一個更有效能的企業家。」

而這正是關鍵所在。你的焦慮天性帶來了哪些優勢？你能不能辨識它們，將它們作為積極因素加以讚揚，並利用它們提高你的表現？

適當調整你的焦慮

大衛・巴洛（David Barlow）是波士頓大學焦慮與相關障礙研究中心（Center for Anxiety and Related Disorders）創始人兼名譽總監，他是一位在焦慮症的性質和治療方面擁有數十年臨床研究經驗的專家，當我為「焦慮的成功者」Podcast 節目採訪他時，他提出了一個當人對自己的焦慮感到氣餒時的珍貴建議。「我認為重要的是要記住，你**需要**適度焦慮，」巴洛說：「適度的焦慮是你的好友。」

他又說，對那些追求最佳表現的焦慮領導者來說，最佳方法是找到剛剛好、不涼不燙程度的焦慮，不多也不少。「你不需要消除你的焦慮，」巴洛說：「焦慮的存在是有原因的。它是正常的人類情緒，而且……這是我們機能中非常重要的一部分。沒有它……運動選手、演藝者、高管、工匠和學生的表現都將受影響，創造力會減弱，農作物和糧食可能無法栽種。」簡言之，適度的焦慮可以確保我們作好準備，發揮最佳表現。

《大西洋月刊》總編輯史考特．史塔索終生為焦慮症所苦，他告訴我，焦慮的許多特徵儘管很糟，但往往也有好的特徵或一線希望，例如擔心自己無法被人理解的社交焦慮者，由於非常關注場合的氣氛和每個人的反應，因此也往往更善解人意而認真。「你或許比焦慮程度低的人更懂得設身處地用別人的觀點去看事情，因此（你）也更容易與人共處。」史塔索說。「身為管理者，這會讓你更有效能，因為你更能夠預測你所說或溝通的事，或者你的公司正在溝通的事，能不能清楚傳達給特定的人，也更能夠幫助他們面對它。」

同樣地，過度警戒的焦慮反應（即不斷掃描環境中的威脅）也可能成為一種向善的力量，只要你學會控制它。「在職場上，這意味著你對周遭的狀況非常敏感，」史塔索說。即使你理解情況的方式過於負面，「你可能會在壞事發生時有更好的準備。你會先想到下一步。」

我們都需要焦慮超能力

我在 Podcast 節目中採訪過哈雷・芬克斯坦（Harley Finkelstein），他是全球最大、最賺錢的電子商務公司之一「Shopify」的創辦人兼總裁，也是一位真正學會將焦慮加以運用的企業領袖。芬克斯坦一直是個焦慮的成功者，他從小就有焦慮症狀以及創業天賦。他年僅十三歲就開始了他的第一筆生意，當他想當ＤＪ卻無法被錄用，他創辦了自己的ＤＪ公司。然後，在芬克斯坦十七歲時，就在他進入麥基爾大學[24]幾個月後，股市崩盤，他的家人損失慘重，顯然下一步應該是輟學然後搬回家去做全職工作。但芬克斯坦認為，肯定有辦法讓他留在學校同時養家

24 編註：McGill University，位於加拿大魁北克，U15大學聯盟、大英國協大學協會、美國大學協會成員校之一，成立於一八二一年英國殖民時期，是歷史悠久的加拿大老四校之首。

活口，而且找到了創業的對策。短短幾年內，他在大一創辦的T恤業務拓展到了加拿大五十多所大學。

「人的動力不是來自熱情，」芬克斯坦說：「不是來自利益，不是來自某種不得了的野心，而是來自焦慮，來自一股生存需求。」芬克斯坦的焦慮讓他每天早上六點從床上跳起，急著開始幹活，那是他第一次覺察到焦慮可以是一種優勢，他說：「我擁有的這東西實際上可以在達成某種創業目標或事業目標方面發揮驚人效果。」

這並不代表焦慮沒有偶爾對芬克斯坦的生活品質產生負面影響，在他小時候，焦慮的表現是愛鬧脾氣；十幾歲時，它的表現是和雙親爭吵；作為二十來歲的創業者，他拒絕檢查焦慮的根源，學習以更健康的方式管理它。「諷刺的是，我花了幾年時間試圖擺脫焦慮，因為我認為那是我該做的，」芬克斯坦說：「一直到將近三十歲，我才了解到我無法擺脫這東西，這是我的一部分，但我能做的是我可以好好管理它，確保這種超能力得到磨練。」

近年，芬克斯坦透過治療、日常冥想、健身、呼吸練習和精心的日程安排（插入工作時段並保有和家人的相處時間）來管理他的焦慮，他深刻的自我覺察讓他能夠找到他需要的工具，藉以成為效能絕佳的成功者，並且在焦慮逐漸升高時加以控制，另一方面又能在情況需要時仰賴它作為超能力。

例如在大型公開演講活動前緊張不安時，芬克斯坦會進行深呼吸練習，來啟動副交感神經系統（又稱為人的「休息與消化」系統），芬克斯坦說：「這三分鐘的練習可以立即減少我的焦慮，讓我更加專注，變得不那麼緊張。」可是當他需要保持活力充沛時，他會歡迎焦慮的存在。「當我為一些特別重要的事作準備——例如首次公開募股（IPO）、電話財報會議，或者談判一項重大業務交易，我實際上會想利用些許焦慮，以便預測所有可能出錯的環節，」他說：「它能提供給我一份大多數人絕不會想到的、驚人的細項清單。」焦慮的成功者預測問題、再三查核的能力讓他們能提前設下護欄，阻止潛在問題的發生。

另一位將焦慮視為她成功不可或缺因素的領導者是P&G寶僑公司巴西研發經理安卓亞・帕拉・維拉（Andrea Parra Vera）。維拉聽到芬克斯坦和其他人在Podcast節目中將他們的焦慮稱為超能力之後，用LinkedIn聯繫上了我，她說：「我聽到這說法時真是笑死了，因為確實就是這樣。」

來自委內瑞拉的帕拉・維拉描述她生長在一個由於惡性通貨膨脹、政治迫害以及藥品、水電等基本必需品短缺等因素而動盪不安的國家，她早在十二歲就知道，她需要為自己和家人制定「退場策略」。「我從小就害怕在這個讓人不確定自己是否有未來的國家展開我的人生，」她說：「我從小就焦慮不安，擔心隨時都可能發生不測。」

維拉透過在每件事情上成為頂尖好手來讓這種焦慮發揮作用。「我盡可能學習多種語言，我畢業時名列前茅，」她說：「我盡我所能找到最好的工作，總的來說，我覺得我必須盡力做到最好。我必須像是，如果我身體裡還有一丁點潛力，我都會把它擠出來，因為我需要得到一切可能的機會，才能讓自己離開這種處境，同時幫助我周遭的每個人。」帕拉・維拉獨力完成了學業，並賺到足夠的錢將雙親、弟弟遷出委內瑞拉。她承認，如此巨大的努力（並相信這是她一個人的責任）來自她告訴自己的由焦慮推動的故事，但她也把自己成為一個改善家人生活的開創者的堅持不懈歸功於她的焦慮。「我認為，如果沒有這種雄心勃勃的超成功者心態，我是辦不到的。」她說。

如今她的家人很安全，帕拉・維拉則擔負著一個責任重大的領導者角色，我很好奇她的焦慮會如何在工作中表現出來，以及她會如何處理。她描述了一些許多人想必都熟悉的經歷：冒牌者症候群[25]的發作，擔心自己是否做得夠多，擔心是否已準備好迎接下一次危機，擔心「潛在的最壞結果」。什麼有幫助？治療，花草茶，寫日記來轉嫁、處理情緒，並對自己在工作中的焦慮保持坦誠。事實上，當維拉為了顧全心理健康而要求在日程安排上能更有彈性時，她不僅獲得人力資源部門的全力支持，還在他們的協助下展開一項關於工作心理幸福感的課程。「我個人的使命是傳達一個訊息：我們是人類，在日常生活中遇上困難是正常的，」她說：「人在工作中不會是完美的。你會遇到挑戰，你可以學習如何處理它們，這不會有損於你的專業。」

儘管大多數人不會經歷像維拉這樣的極端境遇，已有許多焦慮的成功者利用他們的焦慮來為自己和家人創造更好的生活，而每個領導者也都需要不時面臨一些高風險、引發焦慮的狀況。維拉做得極好而且所有人都可以學習去做的事情，是心理學家有時形容的「給焦慮拔牙」。焦慮不會消失，但你可以學習削弱它的力量，讓它的破壞性變小，維拉透過公開談論來削弱她的焦慮，進而幫助公司中的許多人也削弱他們的焦慮。

焦慮是一種超能力，維拉說：「我們只需要讓它變得溫和些，避免它消耗我們太多精力。」

焦慮不是對領導力的有害障礙，而是一種有利因素，關鍵是學習如何管理它，讓它可以為我們所用，同時拋棄可能破壞我們的領導力、阻礙我們成長的有害抑鬱。

25 編註：impostor syndrome，一九七八年由臨床心理學家克蘭斯博士（Pauline R. Clance）與因墨斯（Suzanne A. Imes）提出，患有冒牌者症候群的成功人士無法將成功歸因於自己的能力，並擔心有朝一日會被他人識破自己其實是個騙子。

3 發掘觸發因子和焦慮表徵

我們得承認，焦慮這東西很怪，它很反覆無常，且往往毫無道理，某人視為威脅的，另一個人幾乎無感，看似矛盾的焦慮反應存在同一人身上也並不罕見。我和很多領導者談過，他們在數千人面前發表主題演講毫無困難，卻會一想到晚宴閒聊就恐慌起來，有些人覺得高接觸工作令人振奮，在獨處時會代謝失調，感到強烈焦慮或抑鬱；另一些人則在獨處時精神抖擻，在頻繁與人會面時感到精疲力竭、焦慮和抑鬱，即使一些傳統上認為勇敢的人（跳傘和跳崖選手、無所畏懼的投資者），有時也會被嚴重的內在焦慮所困擾。

在某些情況下，焦慮實際上會**驅使**人採取大多數人都會避免的冒險行為，風險如此之高，以致冒險成了他們解決問題、減少焦慮的唯一途徑。我們在第二章提及的 Shopify 總裁哈雷・芬克斯坦從小就很焦慮**而且**有創業精神。投資者、創業顧問安迪・瓊斯（Andy Johns）曾在**八家**初創公司（後來成長到總市值十億美元以上）工作或提供諮詢，他說焦慮「有助於我在工作中表現出色，同時又讓我很難保持頭腦冷靜。」

你的焦慮體驗可能固定集中在某種狀況或領域（例如某種恐懼症），或者表現為一種普遍的不安或恐懼感；焦慮也可能以我們的社會和工作文化所獎賞的某些行為作為掩飾，像是完美主義、過勞、對家人或團隊福祉的過度關注。它可能和其他心理健康問題共存，如抑鬱症；它可能是一個長期的夥伴，總是在一旁醞釀著，也可能被某些觸發因子或情況引爆。

關鍵是，焦慮的形式太多了，它因人而異——是什麼原因造成的？如何在我們的身體和情緒中表現出來？以及當我們被觸發時會如何反應？因此在本章中，我將請你認真審視自己，以及焦慮在你工作時的表現方式。辨識、面對自己的焦慮可能十分艱難，甚至痛苦。你或許會覺得專注於這些情緒只會讓它們更強大，或導致焦慮症發作；或者你可能擔心，回想一些當眾出糗的羞恥經歷所引起的焦慮，會讓你重溫那種痛苦。

但要有信心，數十年的研究顯示，那些理解自己感受的人擁有更高的工作滿意度、更強的工作表現和更好的人際關係。他們更具創新性，能綜合不同意見並降低衝突；他們的自我覺察使他們深知自己會被什麼給惹惱，因而能避開工作中的焦慮狀況；他們能夠以一種對自己和團隊更為有效的方式應對焦慮和壓力源，為所有人帶來更好的結果。為什麼？他們了解自己以及什麼會觸發他們的焦慮；他們制定了管理焦慮的策略，而不光是勉強應付，只求過關；他們不再被一些會讓自己和團隊吃苦頭的無意識行為所困。

此外，社會心理學研究顯示，人們對那些同時散發能力與溫暖的領導者反應最好，尤其是溫暖。溫暖需要的是表現出脆弱和坦誠的意願，它能幫助領導者迅速和周遭的人產生連結，增進交流並建立信賴感。

理由其實很簡單：那些了解焦慮如何激發他們的行為，並發展出技能來管理各種情緒反應的領導者，是更好的領導者，也能為他們的組織帶來更好的成果。

扮演偵探

想了解自己的焦慮，你需要調整並誠實看待你自己以及你的行為，以最少的評斷和最多的同情心來進行這個練習。你也許有明顯的焦慮形式，例如恐慌症或公開演講恐懼症（glossophobia）；或者，你也許每天早上都在焦慮不安中醒來，對開始新的一天有一種說不出的畏懼；你可能害怕死亡或個人損失會影響你的企業領導力。無論是什麼樣的經歷，就從當下開始，對你的體驗展開調查。

麻省綜合醫院心理師、哈佛醫學院心理學助理教授蕾貝卡・哈利（Rebecca Harley）幫助我學習檢視自己的經歷，首先要轉向內在，留意當下的狀況。像個專心觀察、收集情報的偵探，往內觀察一切動靜，看看有什麼發現。扮演偵探是一項實情調查任務，你的工作不是評斷正在發生的事或者**做**任何處置，而是不偏不倚地觀察。

一旦觀察了當下的狀況，看你是否能用一些字眼來描述最顯著的感受，那也許是一個念頭（**這次報告肯定完蛋了**），一種身體的感覺（頭暈、噁心、口乾舌燥、心跳加速、冒汗）或一種行為（漫不經心地滑手機或吃零食）。

留意你在焦慮存在時的反應，我稱這種反應叫「表徵」（tell），它可以有許多形式：從胸悶、胃翻攪到不耐或煩躁，再到失眠或消化不良，一直到抑鬱症發作（例如感覺人生乏味）。你的焦慮表徵可能不盡然是會帶來有害後果的負面行為，例如有許多人在壓力大時會更頻繁地和朋友家人連結。異常焦慮時，我會下廚做冷凍餐，有些人則會健身、坐立不安或整理他們的工作空間。

速簡身體掃描

焦慮的身體表徵能發揮類似汽車引擎檢查燈的作用：它們是焦慮正在接管的早期警示信號。身體掃描是針對你的身體處理焦慮的方式收集訊息的最簡單可靠的方法之一，你可以在忙碌的一天當中在辦公桌前，甚至在開放式格局的辦公室裡不動聲色地進行身體掃描，讓它成為典型的工作練習。

一天三次（可以是早、中、晚，或者在開會或活動之前——任你選擇），按照以下步驟進行身體掃描。

1. 挺直坐在椅子上，雙腳平放在地板上，雙手放在膝蓋上，下巴自然放鬆，可以的話閉上眼睛。
2. 留意身體的哪個部位是你立刻感覺到的。
3. 掃描以下身體部位（不妨製作自己唸出每個部位的錄音，方便隨時用來照著進行身體掃描）。

- 你的頭
- 你的下巴
- 你的頸子
- 你的肩膀
- 你的手腕和前臂
- 你的上背部
- 你的下背部
- 你的胃
- 你的髖部
- 你的大腿後肌腱和臀部
- 你的小腿、腳踝和腳

4. 留意哪裡感覺緊繃、疼痛或有其他方面的不適。
5. 將呼吸注入那種感覺，注入到感到不適的特定區域，願意的話也可以加入一些小對策：緩緩地進行橫膈膜呼吸，帶著溫和微笑，並想像不適感消散（例如，想像下巴變得鬆弛、心率減慢、肩膀放鬆）。
6. 在一天當中，留意每次掃描時以上每一個區域感覺有什麼不同。

焦慮是一種全身反應，你或許熟悉了心臟怦怦跳或呼吸急促的感覺，但焦慮也可能在短期內表現為胸悶、下頜肌肉緊縮或肩關節僵硬；從長期來看，你可能會出現胃腸道症狀、高血壓、皮膚痤瘡、食欲變化或精力水平的顯著增減。透過了解你的身體如何經歷焦慮，你可以找到問題的根源，而不只是治療症狀。

身體體驗往往是許多人的第一表徵，這是因為，即使我們的腦袋尚未清楚覺察到，或者我們根本還沒準備好承認自己的焦慮，我們的身體也會表達出焦慮。顯示我的焦慮正逐漸加劇的最早信號之一是，我的肩膀會往上朝著耳朵聳起，很多時候，我甚至不會察覺到它的發生，直到我停下來查看。如果我沒發現，我的脖子和肩膀最終還是會告訴我，變得疼痛而緊繃（想進一步了解焦慮表徵，請參閱「速簡身體掃描」練習）。

我在一家國際公司擔任行銷主管的期間，每到週四我都會噁心想吐並且偏頭痛發作，加上因為前一晚無法入睡而疲憊不堪。我花了很長時間才了解到，每週四我負責召開的午餐時段員工會議，引發我嚴重的表現焦慮、冒牌者症候群和社交緊張，我的身體正在傳播這消息，但我還沒有學會將我的身體體驗和我的情緒景致連結起來。

在二〇二一年的一次治療中，我覺察到這種經歷的根源所在。高中時，我曾競選學生會長，不是因為我有宏偉的領導願景，甚至也不是因為我**想要**這個職位，而是因為我認為我應該這麼做，也因為我對無法進入好大學的擔憂不斷升高。如今我知道當初是我的焦慮導致了衝動行為，我不假思索宣布投入競逐，當選時我驚呆了。我既沒有計畫，也沒有行動綱領，因此在我大四的每週四，我都會主持學生會的午餐會議，開會時只是坐在那裡晃來晃去。在場的成年人，包括我最喜歡的兩位老師，對「無比清閒的一年」作出嘲諷的評論，並且完全沒幫忙。當時我十七歲，無法為自己辯護，而我越是感到羞愧和焦慮，就越是不知所措（和難過）。

時間快轉十年，我掌管行銷部門，但我發現自己在週四午餐時段的員工會議上僵住了。這回我得到我副手的幫助，他非常樂意接手並主持會議，儘管我是他的上司，但我焦慮羞愧到無法介入，於是我交出我所有的權力。

再度快轉，這是我多年來第一次嘗試融入別人的管理架構，連續兩個週四，我不得不和執行長進行極其艱難的對話，我越來越招架不住，以致壓根失去說話的能力。是我的治療師指出所有這些經歷之間的連結，以及每週四的會議是我的一個嚴重的觸發因子，每次觸發的根源都是羞恥，那種羞恥感像在說：**你麻煩大了，大家都知道——你根本就不該坐在這位子上，你不配擔任這職位，而且沒人會來幫你。**

我的治療師說，十七歲時的我必然要失敗，因為當時我太年輕、能力不足，而且沒人出面指導我。當前的情況觸發了我，因為它喚起了當年的羞恥和感覺像個冒牌貨的記憶，但感覺並非事實，如今我是個擁有自覺和行動主體性的成年人，我可以創造不一樣的結果。我和我的上司會面，說我認為我們溝通有問題。

我對這次會面是否感到焦慮？答案是肯定的，但那是可控的焦慮，為自己辯護而非交出權力感覺很棒。結果證明，那對我們兩人而言都是一次極具成效的會談。

了解你的觸發因子

觸發因子（trigger）是一個常在口語上被用來表達不適感的用語，但在心理學中，觸發因子是一種刺激，例如氣味、聲音，或者讓我們產生反應的景象。觸發因子可以讓我們回憶甚至重新體驗創傷的感覺，除了單純的不適感，觸發因子也會引發焦慮、恐慌的感覺，有時還會導致對過去創傷事件的回憶。儘管這用語在流行文化中被濫用，但我選擇使用它，因為它清晰而熟悉。目前醫學、心理學和社會工作領域有許多人將觸發因子稱為「啟動事件」（activating event），觸發因子或啟動事件是觸動、激發我們的焦慮，並引起身體和情緒反應的東西。

耶魯大學情商中心創始人兼總監馬克・布拉克特（Marc Brackett）指出，領導者和管理者在工作中**無時無刻**不被觸發，我們甚至察覺不到，因為很多觸發因子是在無意識中發生的。觸動我們的可能是任何東西，像是某人的說話或行為方式，或者某個團隊成員的習慣性遲到，久而久之，這些觸發因子在我們內在增長，然後，如同布拉克特所說，「累積成一筆憤怒和焦慮的債務。」接著，不斷增加的債務可能會在一些表面上和觸發因子沒有明顯連結的情況和方式中出現：對同事或家人大吼大叫、猛喝酒、上Netflix追劇。但實際上，看似沒來由出現的反應其實是有明確原因的。

許多人認為自己了解他們為何會在工作中感到焦慮或壓力，有時原因的確非常明顯，但真正觸發我們的東西往往很具體，而且出乎意料地小：等不到你回覆的客戶傳來的email、來自上司的訊息、新聞通知、在你旁邊咳嗽的同事。或者大一些：市場下滑、組織重組傳聞，甚至不太可能發生的事，例如當失業人口飆升，你可能會噁心難受、無法專注，即使你的工作不會受到波及。

所以，想一想：焦慮最常在你工作中出現的狀況，是什麼觸發了它？常見的焦慮誘發情況包括：

- 衝突或艱難的對話
- 公開演說或報告
- 來自同事、上司或客戶的令人費解的溝通
- 社交聚會或人脈拓展活動
- 會議（主持、參與、提供回饋）
- 遠距工作和視訊表現
- 感覺需要多露面或更常親自到場
- 平衡工作／家庭責任
- 出差旅行
- 財務消息
- 升遷或新工作

這份清單是無止境的，而且因人而異，關鍵是要確定哪些情況會讓你焦慮，以及你在焦慮發作時的感受。我們的目標是從感覺焦慮和無意識反應，轉變到了解什麼會觸發我們的焦慮，並管理我們的反應方式。了解什麼是你的觸發因子可以提高你處理焦慮的能力，研究顯示，這可以帶來更高的工作滿意度和更強的工作表現，更不用說更大的幸福感了。

有時我們可以反向操作，透過不健康的反應方式去發現我們的焦慮觸發因子。「一旦你注意到哪裡出了問題而且對你沒有好處，你可以往回檢視，找出是什麼引發了這種急迫感，」心理治療師卡羅琳．葛拉斯告訴我。「那個可能解決不了你的問題，但你感覺非去做不可的立即反應是什麼？」

回想你上一次無意識地做某件事，直到做完才察覺自己在做什麼的經歷。誰吃光了一整包 Oreo 餅乾、點擊「立即購買」按鈕、發出那則唐突的回覆，或者在 Slack 頻道[26]發布那篇衝動的冗長文章？我敢肯定，那絕對不是別人。或者，姑且假設一下，有天早上，查看 email 之後不久，你發現自己在瀏覽 Twitter 和 Instagram 網頁，不知不覺，整整一小時就過去了。

26 編註：一款專為商務設計的訊息傳送應用程式，該平臺可以讓相關人員集中在同一空間，以單一團隊的模式進行合作。

但是，你沒有為此自責，而是決定扮演偵探，好奇探究：我為什麼這麼做？是什麼觸動了我，把我送進社群媒體的未知領域？透過仔細檢查當天的事件，檢查自己的想法和感受，你會發現，就這情況來說，觸發你焦慮的是某個同事連夜傳來的、讓你的收件匣塞滿待辦事項的 email。不僅如此，這人並不是頭一次在下班時間聯繫你，你也不是頭一次有迴避他 email 的反應。

因此你的任務是：當一種人際互動或情況觸動了你，停下來，不帶批判地檢視整個狀況，並留意自己的反應：你的念頭、你的情緒、你的行為。接著倒轉時間，看是否能確定是什麼觸發了你，請參照「找出你的觸發因子」練習以開始進行。

找出你的觸發因子

透過這個方法，你將練習辨識出引發你情緒反應的觸發因子。

一天三次（可以是早、中、晚，或者在開會或活動之前——同樣任你選擇），停下來檢查你有什麼感覺。

1. 首先給你的情緒一個名稱，你正經歷什麼樣的感覺？（可參考表3－1情緒類型清單〔第88頁〕）

2. 接著，想想是什麼觸發了這些感覺，你能不能說出是什麼人或情況導致它們出現？了解自己的觸發因子是否讓你對自己的感覺有了不同看法？

一旦知道自己的典型反應和觸發因子，你會比較能夠面對觸發因子，而不會倉促作出反應或處於高度焦慮的狀態，或者讓觸發因子劫持你的心情和一整天時間。當你開始發現其中的模式，找到你情緒反應的源頭，你便開始獲得控制權。

你的熱門主打

我們或多或少都會在工作中被觸發，當焦慮來襲，你通常如何反應？這些行為是否有所幫助？

你會忽略或壓抑焦慮？你會努力撐下去？堆積更多工作？逃避責任？找同事

吐苦水？

在家裡，你會如何處理辦公室帶回的壓力？一週當中，你有多常訴諸飲酒、肌肉鬆弛劑、助眠劑或非處方鎮痛劑？

我把我們對焦慮的典型反應稱為「熱門主打」（greatest-hit）反應，大多數人都會傾向用一、兩種典型主打應對機制來回應焦慮，一旦你多次求助於這些應對機制，它們就會變成習慣。

表3－1

情緒類型清單

超越表面，準確識別你的感受。

憤怒	**悲傷**	**焦慮**	**創傷**	**難堪**	**快樂**
暴躁	失望	害怕	嫉妒	孤立	感恩

洩氣	哀慟	緊張	被辜負	難為情	信任
心煩	遺憾	敏感	孤立	寂寞	自在
好辯	抑鬱	困惑	驚愕	劣等感	滿足
怨恨	麻木	混亂	貧困	內疚	興奮
不耐	悲觀	懷疑	受害	羞愧	輕鬆
嫌惡	想哭	擔憂	委屈	反感	安心
被冒犯	氣餒	警惕	折騰	可悲	得意
惱火	心灰意冷	不安	被遺棄	惶惑	自信

資料來源：《哈佛商業評論》「深入了解情緒的三種方法」（3 Ways to Better Understand Your Emotions），二〇一六年十一月十日，作者蘇珊・大衛（Susan David）。https://hbr.org/2016/11/3-ways-to-better-understand-your-emotions。

假設某人的名字一出現在 email 或 Slack 平臺（你的觸發因子），你就立刻一陣反胃（你的顯示）。作為回應，你會不會關上筆電去喝杯咖啡，假裝那封 email 不存在？這就是迴避。

你會不會一早放下你為工作日安排的所有事項，改而花半小時寫一封詳盡的回覆函？這就是完美主義。

你會不會茫然盯著螢幕，天馬行空幻想著你和某人合作的方案可能失敗的種種可能？這是杞人憂天。

你的反應不見得一定是負面的：你可能會去健身，你可能會和可靠的朋友或家人聯絡。我認識一位領導者，每當焦慮飆升，他就會動手進行老爺車修復工程：藉由在車庫裡敲敲打打十五或二十分鐘擊敗上升的焦慮，然後回到他的家庭辦公室。我在焦慮時下廚做冷凍餐的習慣是我最健康的應對策略之一，之後，當我腦袋清晰，身體平靜，我可以帶著更大的影響力處理工作問題。

應對機制是一組引人入勝的反應，但不要和**防禦機制**（defense mechanism）混淆了，防禦機制通常發生在無意識層次，是避免經歷你還沒準備好面對的情緒的方法；應對機制則通常是有意識、有目的的。它們是我們應對、管理令我們感到不安的情況的方式，心理學家將健康和不健康的應對機制分別稱為**適應良好**（adaptive）和**適應不良**（maladaptive）。

葛拉斯作了明顯的區分：適應良好的應對機制為我們提供了度過艱難時刻並**朝向**健康的方法；適應不良的應對機制則在艱難時刻提供快速緩解，但會使我們

遠離健康。吃餅乾來應對焦慮或許能安撫我們，但只有在吃的當下，之後我們可能會感到內疚、羞愧或身體不適，無論如何，這種不健康的自我安撫形式只能提供暫時的慰藉。

另一方面，適應良好的應對方式包括一些接地技巧[27]，例如腹式呼吸、漸進式肌肉放鬆，或散步、做瑜伽、跳舞等身體活動。適應良好應對機制可以幫助你在當下**以及**長遠而言都感覺更好，加上它們可以幫助你度過艱難時刻而非逃避它或麻木自己，它們也有助於培養你的痛苦耐受力和心理韌性。

找出自己的適應不良和適應良好反應的作用極大，無論它們會反映為逃避或解決問題。確認你的典型應對機制可能需要一點偵查工作，因為有些反應可能很微妙，而且可能隨著時間而表現出來，而不是在我們被觸發時急遽發生。例如，你可能沒覺察到焦慮是你每晚查看 email 直到晚上十點，最後累趴在筆電上的原因；或者你的反應一開始可能很溫和或細微，例如多倒出一顆 Advil PM 助眠劑[28]；或者看電視時間比平時更長。但是，當你開始注意到反覆出現的行為模式，這就是你對焦

27 編註：grounding，「接地練習」或稱之為「與大地的能量連結」（earthing）的基本特徵，就是去感受身體的能量深深連結到大地的能量，跟如何保護與穩定身體能量的平衡有關。

28 編註：一種可緩解輕微的關節炎、頭痛，以及夜間睡眠的輔助藥物。

慮作出反應的暗示，而當你能夠開始追查你為何會以這些方式作出反應，你就得到了掌控。想進一步了解你的反應方式，請參閱「檢視你的反應」練習。

檢視你的反應

雖然會讓我們焦慮的事很多，而且高度因人而異，但實際上對焦慮的反應往往相當典型，讓我們來練習覺察自己對焦慮情緒的反應。

1. 想想你感到焦慮的時候，也許是過去某個一直困擾你的情況，你在「找出你的觸發因子」練習中發現的，或者你此刻正在經歷的情況。
2. 你對這種焦慮有什麼反應？
3. 想想你的反應所產生的影響，從它對你個人的影響開始。它緩解了你的焦慮？讓它加劇？兩者皆否？接著想想它對其他人的影響。你的反應如何影響你的同事、團隊成員或手下？它如何在開會時顯現出來？

4. 在經歷焦慮時刻的當天重複這個練習，檢視你針對每個反應的自我對話。是否有主題或想法在驅動那些行為模式，例如害怕失去一切、害怕負面回饋、害怕被逮到做錯事，或被羞辱、害怕辜負別人的期待？

發掘無意識反應

你可曾在工作中出現意想不到的強烈反應，或者莫名其妙出現的反應？你是否發現自己不斷重複同樣的不健康模式，或者一遍又一遍陷入同樣的困境，儘管真心想要變得更好？當這樣的情節發生，很可能是一些無意識反應對你的行為產生了巨大影響。

當我在二十多歲時不斷離職，那主要和一種想證明我夠優秀的潛在需求有關，而跟工作中發生的事較不相關。當時我還沒開始發掘驅動我反應的一些無益的不自覺想法，因此只是不斷回到同樣的應對機制（主要是毫無幫助的過勞和飲酒）。直到我培養了自我覺察，使我能看到表面下發生的事（重要的是，利用這份覺察來改變行為），我在工作中一直很痛苦，而且不斷辭職。

一如對觸發因子，我們一直在從事不自覺的、習得的行為，而它們會產生具體的、現實世界的後果，我來舉個我自己生活中的例子。我一直是個能力很強的人，在成長過程中承擔了大量的家庭責任，不管樂不樂意。我對家務管理變得很有支配欲，因為我從小就知道，要是我不承擔，沒人會去做。結婚生子後，這種模式再度上演，和丈夫討論家務分工時，我總覺得自己承擔了過多負荷，憤怒和焦慮也不斷累積。為什麼所有責任總是落到我頭上？我開始怨恨丈夫，連餐盤破損這類小事都會讓我說出和情況不成比例的難聽話，我把童年時期習得的行為無意識地表現了出來。

現在把這種態勢轉化到職場，這裡有太多觸發因子足以引起無意識行為。例如，你可曾和那種堅持自己的工作進度、貶低他人想法、每個決策都要考慮再三，或者鼓勵過勞文化的人共事？（或者你曾經是**這種**人？）另一方面，你可曾接受和你的能力不相符的待遇，屈就一份大材小用的工作，無法落實你獲得成功所需的人際界限，或者錯失一次代表團隊談判的機會？雖然第一組例子代表了濫用權力，第二組代表放棄權力，但很可能這些徒勞而有害的行為背後**全都**有著無意識反應的因素。

如果我們上班時可以在門口檢查一下自己的舊創傷、未解決的問題和適應不良的應對機制，那該有多好。但無論我們到哪裡，它們總是如影隨形，如果我們不處理，它們將會日復一日以大大小小的方式上演。因此，我們應該培養所需的自我覺察，以了解我們行為背後的原因，然後作出有利於我們自己和團隊的成長與幸福感的改變。

我堅信每個人都需要這麼做，由於領導者握有職權，他們的行為常會影響他人，他們尤其有責任去覺察自己的無意識反應。許多不良領導的例子，實際上是領導者對焦慮作出無益反應，重演一些徒勞行為模式的例子。

反之，卓越的領導來自那些擁有自我覺察的人，這種覺察是創造一種讓團隊獲得最大成功機會的文化所必需的。許多研究顯示，總的來說，那些努力培養自我覺察的主管確實是更好的領導者，能夠授權給他們的團隊以產生更好的結果。有自覺的領導者更加自信，更有創造力，也更善於溝通；他們能作出更好的決策，建立更牢固的人際關係，更常獲得升遷，而且擁有更滿足的員工**以及**獲利更豐的公司。

如果你已準備好一探究竟，深入了解你在工作中的行為的根源，請回頭參考你進行「檢視你的反應」練習時找到的回應方式，尋找其中的行為模式，以及不斷出現的反應。接著，再深入調查驅動這些特定模式的原因，然後會出現什麼樣的自我對話？只要記下你的發現，不要評斷，而要找出催化這種行為的主題或想法可能需要一點時間。

微軟高管丹尼．柏恩斯坦（Danny Bernstein）告訴我，他曾是一個「討人厭的上司」，因為他的焦慮導致他非常嚴厲地督促他的團隊，在幫助員工準備年度績效考核時，柏恩斯坦的方法是過度準備，並要求自己和他的團隊達到難以企及的標準。「我這麼做了好多年，而且總是惡評如潮，」他說：「但我拒絕改變，我說：『不，我只是想幫你們作好準備！』我花了很長時間才放棄這做法，並了解到，實際上我該做的是加強大家在一些小組討論中的信心，並幫助他們增進心理安全感。」

改變的契機在於覺察**加上行動**，心理學者、自我覺察專家塔莎．尤里奇（Tasha Eurich）告誡說：**光是**努力弄清楚你為何會有某些行為是不夠的。她說，問一堆「為什麼」實際上對提高我們的自我覺察是毫無幫助的，那是因為我們往往對內省問題提出錯誤的答案——我們會偏向感覺像新體悟的東西，因而常錯失了客觀上真實的東西。此外，問「為什麼」只會帶來無用的負面想法和反覆思考模式，而無法發現推動我們前進所需的客觀訊息，尤里奇寫道：「例如，當一名收到不良績效評分的員工問：**為什麼我得到這麼差的評分？**他可能會得到一個著重在自己的恐懼、缺點或不安全感的解釋，而非對自己的強項和弱點進行理性評估。」

她說，更為有效的是問「什麼」，這將有助於我們專注在有助於我們朝向未來成長的客觀訊息和行動。它們能幫助我們行動、改進，而不會讓我們陷入困境和苦思。因此，與其問自己為何得到如此差的評分，不如問：「我可以採取哪些步驟來提高績效，好在下次考核獲得更好的評分。」

從真誠領悟到有效行動

無論多努力嘗試，我們就是無法掌控每個成果或確保每天都順利進行，但我們絕對可以理解焦慮如何激發我們的行為，以及我們各種無意識的焦慮念頭和反應是如何直接促成這種行為，無論是以正向或負面的方式。

無論你和我一樣是天生焦慮的領導者，還是你的焦慮源於某種工作狀況，你都可以培養一些可以管理自己對觸發因子的反應的技能。我們可以學著創造能推動我們取得最高成就的工作條件，同時準備好面對觸發因子和引發焦慮的情況的來臨。當它們到來，我們可以提醒自己，這些感覺是生活的一部分，而我們能做的最健康做法就是讓自己去感受，並帶著自我同理去回應。不妨告訴自己，這些難熬的感覺會過去的，就像以前無數次它們來了又去，而我們也會再度挺身盡我們的職責，就像以前無數次我們做過的。

理解這些不僅能給予我們個人體悟和更深層的自我覺察，也給了我們自由、行動主體性以及利用焦慮作為領導超能力的能力。它恢復了我們可能擔心會永遠失去的掌控感，它讓我們能找回力量——並保有它。我們不再只能習慣性地作出反應，聽天由命，我們可以審慎、巧妙地作出回應，同時充分覺察到我們的決策將如何影響我們的團隊、組織和事業。

4 面對你的過去

傑森・米勒（Jason Miller）一直非常努力，他是家裡第一個上大學的人，在校成績優秀，在一家全球性公司擔任高管，直到他四十歲時進了急診室，確信自己是心臟病發作。

米勒生長在俄亥俄州桑達斯基，周遭都是生活在強烈但不為人知的焦慮中的男人。他還記得有一天放學回家，發現他的父親被通用汽車公司解僱了，起初八歲的米勒很興奮父親比較常在家了。「但事實並非如此，因為之前他太努力工作，沒花多少心思賺錢，」米勒的父親最終開創了自己的事業，但他們仍然過得很拮据，「甚至到了我們不敢確定下一餐在哪裡的地步。」他說。

米勒發誓要上大學，找到一份能確保一家人生活無虞的工作，但隨著他在企業界步步爬升，舊時的自我懷疑再度浮現，他的回應是加緊努力工作，但生活也更緊張了。他甚至轉換職位，期待全年無休、隨時待命處理全球事務的壓力會消失，但是並沒有。他失眠了，經常處在緊張狀態，但米勒仍然試圖忽略他的不適感，努力硬撐。「我心想，『我壓力很大，那又如何？』」米勒說：「沒辦法，因為我從小在一個擔驚受怕的環境裡成長。」

有一天，他發現自己突然喘不過氣、頭暈、左臂發麻，他知道這都是心臟病發作的症狀，米勒和妻子帶著五歲的兒子趕往醫院。經過全面檢查，神經外科醫生告訴他，手臂的刺麻感是由於壓力引起的背部症狀和神經受壓迫造成的，但沒有跡象顯示他心臟病發作。接著醫生告訴米勒，要是他不設法控制壓力，恐怕會英年早逝。

那是米勒第一次覺察到，人可能會死於不受控制的壓力和焦慮，他落得進了急診室，在妻兒守候下擔心自己的生死，實際上這是他的身體打了求救電話。

作為領導者，你會將過去帶入每一個會議、每一次談判和每一項活動，這是千真萬確的事，即使你並不清楚你的過去如何影響你現在的行為，以及它如何影響他人。

也因此，每當工作中的某個互動或情況引發了焦慮反應，你都該檢視它的原因。

焦慮是一種信號

疾病的症狀為我們提供了重要情報，例如發燒和疲勞能提醒你身體出了問題，根據這些情報採取行動可以讓你恢復健康，甚至挽救你的生命，焦慮（不妨說它是一種不安的症狀）的運作方式也大致相同。

阿曼達．克雷曼（Amanda Clayman）是一名財務治療師[29]，經常透過人們金錢方面的焦慮提供諮詢，她描述了它的運作方式。「焦慮是一種信號，它是情報，」她說：「它的目的是讓我們注意到某件事，讓我們脫離無意識思考並且問，『我需要注意的這個感覺很討厭的東西是什麼呢？』**焦慮**的存在是為了保護我們平安。」

克萊曼區分了「信號」（有益）和「雜訊」（無益）焦慮，她說：「焦慮應該警示我們注意危險，但它的工作是提醒，而非評估。」我們的工作是在雜訊中區分信號，信號焦慮（signal anxiety）提供了可靠的情報，它能提醒我們注意真正的威脅；另一方面，雜訊焦慮（noise anxiety）則會損害我們機能的無益而非理性

29 編註：financial therapist，結合財務建議和情感支持來幫助人們管理財務壓力的諮詢。

的焦慮，雖然雜訊焦慮確實會引起我們注意，但那是分散注意力。「它會妨礙我們處理工作、作出正確決策的能力。」克萊曼說。這類焦慮通常可以追溯到童年或某種創傷經歷。「人總是透過經驗去了解自己未來需要提防的事物，」克萊曼解釋，「因此焦慮通常是對過去發生在我們身上的事起反應。」

耶魯大學情商中心創始人兼總監馬克．布拉克特也同意焦慮是情報的重要提供者，並把它擴及到涵蓋所有情緒，他說我們應該學會成為「富有同情心的情緒科學家」，而不是「好批判的情緒裁判」。為什麼？「因為情緒是情報，」他說：「它們是一種指引。」布拉克特建議我們給自己的情緒貼標籤（因為每一種情緒都是寶貴的線索），然後，扮演富有同情心的情緒科學家，質疑每種情緒的價值。它在幫助我們完成手上的工作，還是在阻礙我們？

「舉個例子，細微而具體地表達感受為我們**提供了**情報：『馬克，也許對你來說這確實行不通，』」他說：「但不要光順著你的直覺，要認真剖析它。這單純是因為你對失敗的恐懼在作祟，還是這真的是你不想做的事，而且認為這麼做十分危險？」

傑森．米勒覺察到自己的壓力和焦慮已嚴重到足以危及生命的那晚，他列出了所有讓他擔憂的事項，清單很快填滿一整張紙，生動說明了他為何會躺在醫院病床上。他說：

這就是我內心的真實寫照，也是關於我告訴自己的，我是個冒牌貨、騙子，我害怕被拆穿、不被關照、失敗和賠錢、失去安全感、失去房子的所有說法。那是極其難熬的一刻，但那是我的警鐘。我認真地對自己說：「如果我有能力這樣對自己，世上就沒有什麼事是我做不到的。」

米勒根據他的焦慮給予的情報採取了行動，請了三個月的假。在這期間他開始接受治療，接受高管教練的指導，練習正念冥想，並開始做瑜伽和物理治療，並花更多時間親近大自然，安排更多優先時段和家人共處。

休假結束，米勒回到工作崗位，儘管回到高壓、高度緊張的環境感覺「恐怖得要命」。「我並非沒有壓力，」他說：「壓力永遠不會消失，但現在我有了那麼多工具和能力可以更有效地管理它，我可以和它共處。」在種種壓力、擔憂和舊模式引發的行為底下，一個真正的自我正等著浮現，一個引導米勒走向持久穩定的生活型態、擁有更圓滿事業的自我。「以前我告訴自己的偏狹說法阻礙了我發揮天賦，」米勒說：「這也是我所處的擾攘不安的很大一部分，我的真實本性被壓抑在那個我覺得必須去管理、維持的身分認同之下。」

焦慮是我們一個極寶貴的信使，能指出我們正走上錯誤的道路，或即將作出不明智的決定。你可以把焦慮給予的情報轉化為進步和更好的成果：更高的生產力、增強的同理心、更好的溝通、更深刻的動機，甚至更合適的職業。這是好的開始，但不要止步於此。

任何想要深入了解自身焦慮，獲得深刻轉變和治癒所需的自我覺察的人（以及帶來個人成就感的領導之旅、激勵團隊和組織發揮到極致的技能的人），都需要回顧過去。

童年經驗的遺緒

領導力教練傑里・柯隆納（Jerry Colonna）認為，我們面臨的許多領導力問題（焦慮、迴避、衝動、否定、憤怒、有害關係，有時還包括酗酒、吸毒之類的事），都源於我們最重要的童年經歷。對許多人來說這消息很不討喜，而我也能理解，你或許會想：**我真的非得檢視和我母親的關係，才能成為更好的領導者？**

嗯，或許吧，試想：我們的個人歷史並不會在我們到達辦公室或開機的那一刻消失。我們每個人都有一段漫長而複雜的歷史，無論我們到哪兒都帶著它，我們都是過去環境以及塑造我們的眾多影響的產物，因此，必然會有一部分我們的經驗和所受影響對我們的領導力產生作用。我們或許能在從事不良行為和不健康反應的同時建立成功的事業，我們也都知道有些人確實辦得到，但是了解你的童年如何塑造了今天的你，能讓你成為一個卓越的領導者。

我們早期的影響通常是正向和負面的混合體，但負面影響往往「更黏膩」些，而且更令人難忘，影響更持久。心理學家將這種人類固有的傾向稱為「負面偏誤」（negativity bias），它被認為是植根於我們基本生存本能的演化優勢：記取和負面刺激的遭遇有助於我們在未來避開這類遭遇。但在我們的當下環境中，負面偏誤有時會引發不成比例的反應，它會模糊我們的判斷，導致我們錯過或漠視正向的發展，因為我們太執著於負面事物，它會讓我們**過於**謹慎，不願冒險或前進，只想保持低調苟安。

對童年創傷（Adverse Childhood Experiences，ACEs，發生在十八歲前的不良經歷）的突破性研究證明了，過去發生的負面事件可能影響我們的日後發展。在一九九〇年代中期進行的原始研究中，研究人員確定了三類會導致負面結果的ACE：**虐待**（身體、情感或性的）、**忽視**（情感或身體的）和**家庭機能失調**（離婚、雙親入獄、目睹暴力、物質使用或家庭心理疾病）。之後，它的類型擴大到包括社區和體制性不良經歷，例如種族歧視和長期貧困，而且有數十項研究引用了ACE數據。

在各種調查結果中，出現了兩個關鍵點：首先，ACE非常普遍，發生在所有人口統計中，超過三分之二的研究受測者報告曾經歷ACE，近四分之一的人經歷過三次或更多；其次，孩子經歷的ACE次數以及他日後生活出現負面後果的風險之間存在「強大而持久的關聯性」——而這些後果影響著生活的各個領域。研究人員發現，「心臟病、糖尿病、肥胖症、抑鬱症、物質使用、吸菸、學業成績差、經常失業和早逝的風險急劇增加」，且最近的研究顯示，ACE和成年期的財務壓力之間存在明顯的關聯，經歷ACE會增加你成為焦慮的成年人的可能性。

體制顯然也很重要，例如在美國這個在種族歧視社會體系中運作的國家，黑人的成長經歷可能會產生從童年開始並擴及到成年階段的焦慮。二〇一六年的一項研究發現，「個人、文化和制度性種族歧視的經歷可能構成關係到美國黑人焦慮的文化特有因素。」與此相關的是，有數據顯示，在印度社會等級制度中，較低種姓成員的情緒幸福感低於高種姓的成員，而在這些制度中，女性遭受的痛苦大於男性。在種族歧視、父權制、僵化的社會制度中爭取受教育、建立安全的生活、發展事業所產生的影響，可能會造就焦慮的成功者，畢竟正如心理學者喬里（Akshay Johri）和阿南（Pooja V. Anand）所寫的，「個人的幸福感無法存在於真空，它有賴於比個人更大的各種社會和結構性過程。」

高階人力資源主管、《在工作中療癒》（*Healing at Work*）一書共同作者蘇珊．溫徹斯特（Susan Schmitt Winchester）認為，拋卻過去艱難經歷的有害影響，並從中恢復過來的最佳場所之一是職場。溫徹斯特承認，說到處理心理問題，職場是許多人想都想不到的場域，但她指出，不同於我們的原生家庭，工作帶來了雙向的選擇：我們選擇僱主，僱主選擇我們。而且事實是，由於多數人醒著的時間多半都在工作，我們的許多未解決的問題和舊傷口免不了會出現在那裡。溫徹斯特說，我們過去的所有觸發因子「可能會每天潛入我們的職場搞破壞」。

她稱之為「走上無意識、負傷的職業之路」。人們常以為自己沒有過去的問題需要處理，因為他們沒有創傷史或ACE。但溫徹斯特和柯隆納都指出，我們或多或少都帶著創傷，也就是說，我們都在早年經歷過機能失調。例如，和過度挑剔、專橫或不可測的雙親住在一起的人，會經歷一些類似有創傷史的人的局限性信念和負面影響。

為了尋找一個足以涵蓋這群成年人的廣泛用語，溫徹斯特和她的《在工作中療癒》共同作者瑪莎．芬尼（Martha Finney）提出了「舊日創傷成年倖存者」（adult survivor of a damaged past，ＡＳＤＰ）一詞。這用語本身就是我們如何治癒（甚至從舊創傷中找到可貴優勢）的重要線索。

作為成年人，溫徹斯特表示，我們的抉擇不再由雙親或其他看護者作主，在更深刻的心理層面，我們也不再需要對過去種種逆境的影響作出反應。「我們不再是過去的囚徒，」她說：「我認為『倖存者』是一個充滿希望的韌性用語，代表無論你年輕時經歷過什麼樣機能失調的互動關係，它同時也是一種帶來管理困境能力的絕佳恩賜。」ＡＳＤＰ的機會在於，了解到自己不必承受過去經歷留下的任何沉重負荷。「受創，」溫徹斯特常喜歡說：「不代表走厄運。」

如果第一步是承認從過去獲得新體悟和理解會讓我們在當下更快樂，那麼第二步就是，承認我們擁有這麼做的力量和行動主體性。但是，我們該如何在職場實際從事療癒工作？得到療癒，**並且**成為更有效能的領導者的最有效方法之一是：留意是什麼在工作中觸發了我們。「我在自己和他人身上注意到的情況是，當某人對職場上發生的事產生反應，而且反應之強烈似乎超過實際情況該有的……這就是一個線索，顯示那是受了這人過去發生的事的刺激而作出的反應。」溫徹斯特說。

快速力量恢復法

蘇珊．溫徹斯特制定了一個她稱之為「快速力量恢復法」的三步驟策略，供人們在工作中感到焦慮、疲於應付時使用。我們將以一個典型的棘手時刻（接收到負面回饋）作為例子。以下是防止自己，如同她的說法，「往下墜入那條無意識、負傷的職業之路」，並阻止自己反應過度的方法。

- **步驟1：創造選擇。**提醒自己，你有能力不被觸發因子所困，用舊的無意識模式作出回應，如今你是成年人了，可以選擇你的回應方式，也可以給自己空間去管理激烈反應。如果你正在開會，突然情緒激動，可以要求暫停十分鐘。等會議結束後，溫徹斯特建議尋求一些方法來清除你感受到的生理和情緒能量，藉以減少情緒反應，看得更清楚。深呼吸、畫出或記下感受、捶枕頭……你可以做任何能把情緒排出體外的活動。

- **步驟2：提升行動。**接著你可以採取新的、更健康的回應，在得到負面回饋的情況下，提升行動可能意味著以開放的好奇態度去面對別人的回饋。「與其採取抗辯（模式），我會用提出問題去理解它，」溫徹斯特說：「我會認真專注在我能從這回饋中學到什麼，而不是拿它來責怪自己。」如果你真的被觸發，簡單回一句「多說一點」，可以開啟對話，避免你封閉自己。「你對我有什麼建議？」是另一種提升當下行動，並以新的、更有成效的方式作出回應的說法。
- **步驟3：慶祝和整合。**對舊的觸發因子產生不同反應是值得慶祝的事！用你認為有益的正向活動來紀念這個時刻，溫徹斯特說：「慶祝成功能將這種新的反應整合到你的身分認同中。」為舊的觸發因子找到越多的新回應，這種觸發因子的威力也就越小。

當你發現自己起了情緒反應，溫徹斯特建議問自己：「我確定嗎？」例如，我確定上司在生我的氣？我確定同事的沉默意味著他們不認同我的工作？我確定需要再把我的工作複查個十次？回答這問題通常能揭示我們被激發的反應根本和事件的大小不成比例，這正是舊創傷和未解決的問題正在影響我們當下行為的一個信號（要學習應對這類艱難時刻的有用技巧，請參閱「快速力量恢復法」練習）。

但事情是這樣的：並非所有舊創傷的影響都是負面的，如同只要我們學會利用焦慮的生產性面向，它也能成為一種超能力，我們在童年時期的許多負面課題和經歷也可以顯現在正向領導技能上。

柯隆納解說了一種可行的方法，當孩童在雙親或照顧者缺席、經常沒空或不可靠的環境中成長，有時孩子必須擔起其他家庭成員身心健康的照護責任。這不是理想的情境，但其中的一線光明是，孩子能早早就接收在發展心理韌性、成為一個能夠對所有團隊成員負責的關愛領導者方面的課題。「這是非常重要的訊息，」柯隆納說：「這些創傷不見得只會導致負面行為，例如由於在暴力中成長而慣於迴避衝突；它們往往會帶來極其強大的正向體驗，例如能夠進入不確定的情況，制定願景和達成方式。」柯隆納說，在最佳情況下，經歷過早期逆境的成年領導者會保有「能夠承受衝擊的內在素質，因為他們早已體驗過了」。

我學到最有用的一課是，當目前的環境激起童年時期未解決的傷害，我們會重新體驗和小時候相同程度的恐懼。例如，如果你曾經不解，為何別人的小小回絕會讓你慌張到幾乎落淚，或者為什麼你自認在上司聲音中察覺的尖刻，會讓你花好幾小時苦思你究竟做了什麼惹他生氣，不妨回想你的過去。如果你賴以生存的雙親拒絕了你，或者你尋求保護的看顧者大發雷霆，四歲時的你會有什麼感覺？如果我們未曾處理這些早期的負面經歷（這對缺乏力量和行動主體性的孩童來說確實很可怕），我們可能會屈服於無意識反應，誤解我們當下遇見的威脅的嚴重程度。

所以現在，當我的焦慮顯得特別不合理時（明知道我的生存沒有真正受到威脅，但**感覺上**就是有），我會處理過去而不是現在。我會提醒自己停下來，做一些深呼吸，向內看著那個依然住在我體內的幼小、驚恐的孩子。我仔細想像她的模樣：五歲的摩拉，毫無防備，過度警戒，渴望取悅別人，凝視著擁有更多力量、經驗和智慧的成年的摩拉。成年的我如何幫助五歲的我好過些？有時我會想像成年的我彎下腰，把年幼的我抱起來，就像抱起我自己的一個受驚嚇的孩子，抱著她直到她平靜下來。有時我會竭盡一切同情和感激注視著她，對她說她沒事了，她再也不必那麼努力保護我的安全了；有時我只是想像成年摩拉緊握幼年摩拉的手，將她帶往一個更好、更安全、更快樂的地方。

我發現這些視覺想像很強大而且極度可信，如果你覺得這麼做有點傻氣，請記住兩件事：第一，這是私人練習，不會有人知道；其次，更重要的是，你是在自我療癒。想想能這麼做有多麼強大，因為你需要真正的力量來面對你的恐懼，並採取必要的做法。「戰士並非不畏懼，」柯隆納說：「但戰士認識到恐懼中藏著智慧，恐懼是一種維護自己平安的願望。否定恐懼是魯莽、愚勇的，當我們選擇採取行動面對恐懼，力量就會到來。」

無論你感覺多麼受傷或無助，你都有足夠力量面對恐懼、療癒自己，而且就像肌肉，這種力量將會越用越強。

職場如家

我們常開玩笑說，我們的辦公室就像家庭……機能失調的大家庭。很有趣，但我們都知道，在一群人當中維持健康關係有多麼複雜而困難，無論是家庭、社區組織或者工作團隊。「包溫家庭系統理論」（Bowen family systems theory）則是了解家庭動態會如何複製在工作當中的眾多架構之一。

由精神科醫師、研究者莫瑞·包溫（Murray Bowen）提出的包溫理論認為，想知道人的個性、動機、人格、行為，最好的方法是在他們的家庭關係背景下去理解。包溫認為，我們在成年後遇到的大部分問題，都源自我們在原生家庭中學到的處理壓力和焦慮的負面方式。作為成年人，我們會無意識地複製我們在家庭中扮演某些角色時採用的行為（例如，如果你小時候被稱作「金孫」（golden child），那就是你扮演的角色），別人會期待你表現某些行為，你對他們也會有同樣期待。無論我們是否察覺到這點，這些早年的課題和角色都會在工作中再度出現，這正是為什麼我們有必要去了解自己在職場這個「家庭系統」中的角色。

簡言之，系統理論（或系統思考）提議，一切都是一個更大、更複雜的系統的一部分，而該系統的每一分子（無論是家庭成員還是組織中的員工）都是相互依存、相互關聯的。因此，系統每一分子的改變都會影響系統中所有其他分子以及系統整體。

很容易可以看出系統思考如何在工作中發揮作用，因為組織是由單位、部門、團隊和個人組成的，即使小企業和獨立承包商也都是複雜系統的一部分，因為它們藉由特定產品和服務參與了運作。因此，有效的領導總是不光需要個人的自我覺察，也需要團隊意識，因為任何涉及人的相互關係的團體都會構成一個系統。

Kayak[30]聯合創始人、連續科技創業家兼慈善家保羅．英格利（Paul English）採取了系統思考的管理方式，並認為他作為執行長的超能力之一，是他觀察進行中的人類動態的能力，包括全神貫注傾聽別人所說的一切，但同時要關注在場人與人之間無言的相互作用。英格利描述了在一個住了九個人的小房子裡長大，無可避免地使他擁有對人際動態的高度覺察。「我認為這訓練了我能夠真正專注於各種互動，」他說：「我想說的是，我花在每家公司的時間有5%是在觀察人的交流。」

從程式設計師升任管理者後不久，英格利第一次發覺，他關注工作中的人和他關注家中的親人沒兩樣。他承認，那是一次艱難的升遷，部分原因是他作為一名成功程式設計師所使用的舊教戰守則（多產、快速），無法轉移到管理員工的職務上。為此，他需要重新開始他早期的非正式人類動力學培訓。「我在最初幾年（的管理工作）中學到，如果你關注員工並了解他們的想法，你就可以讓他們更快樂、更有效率。」他說。

英格利將這項技能運用在一路晉升的過程中，「我認為對執行長來說，特別是一家努力打拚的高壓力新創公司的執行長，最大的技能就是消除壓力，努力發展出一支有『魔力』（mojo）的團隊，」他說：「如果你想要一個你樂於經營並與之合作的團隊，你就必須對人際互動保持敏銳。」

如果你能理解驅動團隊前進的各種互動，以及影響他們集體心理健康、引發

30 編註：一家美國在線旅行社，前身為旅遊搜尋引擎公司，創立於二〇〇四年，母公司為Booking Holdings。

焦慮的力量，你就可以致力於建立一個能完成出色工作的有凝聚力、高績效的團隊，用英格利的話說就是：一支有魔力的團隊。

如同心理治療師兼作家埃絲特・沛瑞爾（Esther Perel）指出的，在 Covid-19 大流行之後，我們對這方面的需求更甚於以往任何時候。「集體創傷、集體事件、類似的全球大流行需要集體復原力，而非個人復原力，」她對我說：「意思是你必須利用能夠提升所有人的集體資源，並以關係到群體相互依賴的方式去取得團隊的應對策略。」

她建議我們檢視自己的團隊和組織如何度過疫情大流行（我想補充，還有集體焦慮或創傷的經歷），你學會了哪些相互依賴的新方法？你需要保有哪些新的見解和實踐，來讓整個團隊持續發展？「這種程度的相互依存使我們能繼續照常工作，」沛瑞爾說：「我們可別失去了。」

利用系統思考重振你的領導力

包溫家庭系統理論中最重要的原理之一是「自我差異化」（differentiation of self），這指的是和他人保持連結的同時，進行獨立思考和行動的能力。差異化作用可以追溯到你的家庭根源，差異化程度較低的人很難將自己和親人的情緒、願望和需求分隔開來，他們的情緒界限很容易被滲透（如果他們的媽媽悲傷或焦慮，他們也會跟著悲傷和焦慮），因此他們活在別人的情感支配下，以及他們自己的。

毫不意外，自我差異化程度較差的人極度依賴他人的接納和認可，包溫觀察到，他們要麼迅速調整自己的念頭、說法和做法來取悅他人（他稱這群人「變色龍」），要麼專斷地堅持別人該如何並迫使他們服從（他稱這群人「霸凌者」）。有趣的是，霸凌者和變色龍同樣依賴別人的認可和接納，也同樣害怕跟人衝突，差別在於，霸凌者會迫使別人贊同他們，而不會去贊同別人。在兩種情況下，差異化程度較低的人都是透過他人尋求自己沒事的安慰，並獲得更牢固的自我感，而不是從自己內在產生安心感。

相較下，自我差異化良好的人會認知到自己對別人的依賴，但又能將自己的念頭與感受和他人的念頭與感受區分開來。當面對衝突、批評或拒絕，他們能保持足夠的冷靜和頭腦清晰，以區分基於對事實的仔細評估的想法，以及被強烈情緒蒙蔽的想法。他們能審慎作出回應，而不是無意識地作出反應，而他們的反應是來自內在的價值觀和渴望，而非來自外力（例如他們想取悅的人或群體）的壓迫。由於他們的自我感是差異化的，而且發展良好，他們的生活較少受制於情感，他們可以在強烈情緒中和他人共處，而不會吸取那種情緒。他們不需要跳進去修補事情或解救他人，因為他們有較好的能力可以忍受不安感。

當然，這都只是概括的描述，但相信你已了解不同程度的自我差異化如何在職場發揮作用，以及擁有較高程度的自我差異化如何讓你成為更有效能的領導者。當你的差異化出現，你就能在真實的自我覺察中工作。你可以固守你的核心信念和價值觀，可以在堅實的基礎上運作，而不會反射性地作出反應，或被工作環境中常見的變化多端的條件左右。

我聯繫了包溫理論專家凱薩琳·史密斯（Kathleen Smith），以進一步了解如何利用家庭系統思考來增強領導力或改善日常辦公室互動，她解釋說，在較低水平的自我差異化中，任何群體環境中的焦慮都會以兩種主要方式表達：「功能過度」（overfunctioning）或「功能不足」（underfunctioning）。這兩種策略是我們從原生家庭學來的，代表了我們在焦慮來襲時，用來讓自己和他人平靜下來的最快方法。它們是無意識的**反應**，而不是審慎的**回應**。

我發現功能過度或功能不足角色的概念，不僅是幫助我度過領導焦慮最有用的指南之一，也有助於我的婚姻和我在家中的角色，而我是個典型的功能過度者（overfunctioner）。

說到職場的焦慮，功能過度更為常見，尤其在領導階層，甚至可能得到讚賞。但史密斯指出，在包溫理論中，功能過度者和功能不足者被認為處於同等的差異化水平，兩者都卸下了管理個人焦慮的責任。

功能過度者常透過承擔過多責任來面對焦慮，他們會指揮別人，甚至可能到了控制的程度，他們往往認為，要是沒有他們的建議或幫助，什麼事都完成不了。由於功能過度領導者和他人的自我感界限十分模糊，他們常把別人視為自己的延伸，自以為了解別人的想法和感受，特別是在引起焦慮的情況下，他們可能會誤判別人的能力，導致他們跳進去解決問題或「解救」同事，而不相信對方能完成工作，原因也很容易理解：解決問題可以緩解他們的焦慮。

同樣容易理解的是，為何典型的功能過度領導者可能看來非常成功，並受到團隊或組織的高度評價。但史密斯警告，功能過度實際上是一種「偽實力」（pseudostrength），可能得付出高昂代價，她告訴我：「如果他們無法指揮別人，或者別人不同意（他們的指揮），他們所有的能力就會急劇下降。」

他們的自尊和自信也是如此，當我們功能過度，史密斯又說：「我們透過表現得好像別人是自己的延伸，透過為他們運作，來支撐自己的運作，而這往往會導致過勞。」當那些作為我們延伸的人表現不佳或能力下降，它也會導致沮喪和失望。背負別人的想法、情感和行為是一種巨大負擔！這就是為什麼說功能過度是一種偽實力，以及為什麼從長遠來看它是不可持續的。

另一方面，功能不足可能表現為推卸責任，只求安穩，或者依賴他人解決問題，而不是親身參與。功能不足者往往低估自己的能力，而且樂得在遇上困難時讓別人來接手處理。這就引出了一個重點：功能過度和功能不足是相互的。功能過度者會透過介入他人的問題來應對焦慮，功能不足者則透過讓別人來介入**他們的**問題來應對，這兩種互動是相互依存的。

還要注意，兩者都試圖透過他人來解決自己的焦慮，功能過度者的態度是「我需要過度參與並且為他人解決問題，這樣我才能平息焦慮」，功能不足者是「我需要有人過度參與並且為我解決問題，這樣我才能平息焦慮」。對此包溫的回應是，功能過度者和功能不足者都需要更強的自我差異化，而發展自我差異化和改變他人的行為（或想法、感受）無關，而和學習調節自己的情緒運作有關（要進一步學習自我差異化，請參閱「培養差異化的自我」問題練習）。

能夠調節情緒並在挑戰中保持腦袋清晰冷靜的領導者，也是能夠帶領團隊度過任何集體焦慮經歷，並激勵他們發揮最佳表現（而非用他們的個人焦慮「感染」整個體系，浪費時間和精力替別人做他們該做的工作）的領導者。「這就是為什麼自我調節（self-regulation）是領導力的要素，」史密斯寫道，「忙著到處救火平息焦慮、本身無法保持冷靜的領導人，多半是無效能的。」而能夠控管自己、喚起寧靜的領導者，她說，則可以傳達給團隊的每個成員，他們有足夠能力「在混亂中找到出路」。

我喜歡這個建議，無論我們擔任什麼角色，都必須對自己的情緒和行為負責，因為它們會影響職場「家庭系統」的每個成員，無論我們是否察覺到這點。當我們在渾然不覺的情況下工作，就非常容易陷入無意識的反應中，而這頂多只能暫時減少焦慮，最壞情況則會導致我們走上不健康的應對機制的黑暗道路，並養成壞習慣。

「培養差異化的自我」問題練習

以下的反思問題來自凱薩琳．史密斯的著作，只是呈現方式略有不同。

請利用它們來幫助你在人際關係中發展更強大、更具差異化的自我。

界定你的自我

- 你的核心信念是什麼？你主張什麼？
- 對你來說，何謂良好的工作？好的同事呢？

觀察你的想法和行為

- 什麼時候你會不假思索地接受別人的信念和價值觀？
- 在什麼情況下你的不成熟信念會引起衝突或焦慮？
- 在哪些人際關係中，你會很難自己作決定或傳達你的想法？你如何發展自己的原則？

你是不是功能過度者？

- 你是否急於解決問題，即使那不是你的責任？
- 你是否寧可自己把事情完成，而不想教別人做？
- 開會時，你是否總是小心翼翼說話，怕同事心裡不舒服或焦慮，或者替別人緩頰，怕他的發言傷了其他同事的感情？[a]

你是不是功能不足者？

- 你是否常避開緊張的情況，希望別人介入解決問題？
- 在一個共同方案中，你是否滿足於讓別人主導並享有更多最後的功勞？
- 有沒有人告訴你，「你的構想很棒，你只是需要積極主動些！」

尋求改變

- 你必須中斷哪些行為才能變得更具差異化？
- 你需要和哪些人共事並一起練習界定你自己？你打算怎麼做？
- 界定自己時，你要如何應對阻力和人們的不安？[b]

---

a Kathleen Smith, "*Are You an Overfunctioner?*" Psychology Today, October 17, 2019, https://www.psychologytoday.com/us/blog/everything-isnt-terrible/201910 /are-you-overfunctioner.

b Kathleen Smith, *Everything Isn't Terrible: Conquer Your Insecurities, Interrupt Your Anxiety and Finally Calm Down* (New York: Hachette Books, 2019).

也許你成長在一個母親經常處於恐慌中的家庭，你的大腦學會了老是想著「起火啦！」即使並沒有起火；作為成年人，你的恐慌按鈕可能仍然很容易被觸發。差異化程度較低會讓人產生更多（而且很累人的）反應，因為你總是受制於別人的情緒，以及別人的情緒對你的赤裸裸的影響。一封來自你的上司的簡短email會讓你徹夜難眠，因為你會立即進入恐慌模式；或者，如果某個同事不高興，你會認為那是你的錯，你有責任解決它……於是，你焦慮爆棚了。考慮到你成長的家庭系統，這一切都非常合理。

但如今你是成年人了，你不必重複舊的模式，你可以從無意識思考退後一步，問自己：「真的起火了嗎？」然後告訴你的焦慮，「謝謝，你已盡了你的職責，可是沒有起火，現在你可以安靜了。」

做個回應者而不是反應者可以降低整個團隊的緊張情緒，反應者往往會激發其他反應者，因此事態很容易升高。想想由兩個焦慮反應者主談的客戶場面的緊迫感，而當一個冷靜的人走進來緩和氣氛，感覺會有多好。想像一下，如果你就是那個替自己解圍的冷靜的人！

改變永不嫌遲

幸運的是，由於大腦驚人的神經可塑性，成年人有很多機會改善自我差異化。「你實際上並沒有被百分百鎖定在這些機制中，」史密斯說：「如果你開始觀察到它們，你就有機會退一步，問自己：『我真想這麼做嗎？』在關鍵時刻，是否有另一種更靈活、更有創意的方式可以應對焦慮的人、麻煩的同事、難搞的家人？我能不能忍受不按牌理出牌的不安？」

學習忍受不安感（你自己和別人的）是自我差異化的一個關鍵面向，它讓我們能在行動前停下——不假定自己知道別人在想什麼，不作出衝動的決定，不承擔過多的責任，不在面對焦慮時習慣性地行事。「這正是提升自我差異化的意義所在，」史密斯說：「稍微脫離情緒系統行事，但同時仍然積極參與其中。」

對於難以忍受別人痛苦的功能過度者來說，很好的第一步是提前規劃：比起接手管事、應付別人的無意識反應，更具差異化的反應會是什麼？也許意味著必須「冷眼旁觀別人慌亂一陣子」，史密斯說。與其立刻出手解救他們，更健康的反應是「慢下來，讓別人不（像你）那麼有效率地做事」，同時傾聽別人的想法，即使你不同意他們，或者認為他們完全錯了。替別人做他們該做的事並拒絕聽他們的觀點，會破壞他們的自主性，剝奪他們在角色中進步成長、變得更有效率的機會。史密斯說，更具差異化的反應「為你打開了驚豔於他人才能的空間……有時你能送給別人的最棒禮物……就是退一步，讓他們自己去發揮職能。」

功能過度可能源於無法忍受他人的痛苦，無法忍受自己的痛苦則會導致功能不足；功能不足的人往往認為自己的想法不如他人的重要或有效，因此他們面臨的挑戰是在遇上困難時相信自己，而不是停止運作。在一個有很多功能不足的人的工作環境中，或許不會有太多衝突，但也不會有太多進步，史密斯說，功能不足者可以練習捍衛自己的想法和意見，並在可能出現阻力時針對某個議題表達立場，而非保持緘默或迴避。

這是我仍在努力的一個課題，直到最近，我完全陷入情緒性反應，因為我不相信自己。儘管我經營自己的事業十多年了，但我不聽從自己的直覺，不相信自己的工作成果，我生產的所有東西，我都交給一位員工去管理。我一直百般遷就，討好每個人，因為我太害怕被拒絕，外在獎賞和金錢成為我評斷自身成功的標準，因為這對我的原生家庭和我來說非常重要。任何人的負評都可能讓我一整天情緒低落，我也總是避開那些我認為可能對我生氣或失望的人，我的情緒完全支配了我的生活。

另一方面，如此缺乏安全感也幫了我，因為我僱用了比我聰明的人，我經常委派工作，對我的團隊信心滿滿。我對客戶或員工不滿意的雷達變得無比靈敏，因而創造了一種過度服務客戶的職場文化，客戶很愛我們，但我們全都在瞎忙。

雖然我的口頭禪之一是「行動前務必先諮商」，在這種情況下，我了解到我想取悅他人而非我自己的欲望成了障礙。於是我決定探究一種更具差異化的回應方式會是如何，我怎樣能夠容忍我對工作品質的擔憂，不必這麼依賴外在保證？

結果，諷刺的是，這些外在保證給了我一個絕佳起點。我可以回顧多年來大大小小的成績，提醒自己它們是真實可靠的，我的焦慮才是不可靠的敘事者。從那以後，我開始練習依照自己的（而非別人的）品質標準，來評估自己的作品和演講。知道嗎？我很滿意，而且不讓太多人來評估我的工作成績，比較不那麼累人，而且效率更高。這並不表示我不尋求回饋，但這種方法為我和我的同事創造了一個不那麼焦慮，而且更愉快的工作環境。

當我們能固守自己的核心自我（我們價值觀的源頭、知道何謂好的工作成品的那個自我），我們不僅能平息焦慮，還會成為一個更有效能的領導者和更好的工作夥伴，這就是為什麼我們需要一個差異化的自我。

「最大的力量，最大的尊嚴，來自我們對自我價值的內在認識，」柯隆納說：

「那是最大的風險來源，它是被攻擊的東西，也是戰士奮起的地方。」但你無法到達戰士奮起的地方，也就是最有效能的領導者接受鍛鍊的地方，除非你成為一個差異化自我。「我每天失敗，但明天我會振作，再試一次，不管外界如何看我，」柯隆納說：「我花了很長時間以這種方式成長，我認為**那正是**領導力呈現給我們的機會。」

過去會永遠跟著我們，沒人能像張白紙一樣出現在工作場所，但是對於過去會如何影響我們，我們有很多選擇和主體性。一旦我們了解過去如何創造我們當前的想法以及和世界的互動方式，我們便能選擇自己的現身方式，而不只是對舊模式作出反應。其他人現身時也同樣負載著他們的過去，「他們的過去就像你的一樣，可能形成了他們對現在的期望。」心理治療師卡羅琳．葛拉斯說。深入了解你和你的團隊的過往模式和構成性影響，會有助於你培養管理焦慮、成為你本該成為的領導者所需的重要自我覺察。

Part

2

領導者的職場焦慮管理工具包

5 負面的內心小劇場

在我二十多歲時，我在一個全國性大選的有害環境中工作，我在我的部門裡是出了名的文筆雜亂。在競選活動中，每個人都瘋了似的跑來跑去，試圖證明他們有多努力，完成了多少工作（無論是真是假）。出於某種原因，我的上司喜歡把我的文章批得體無完膚，拿來當作漫無章法的證據。有一天，部門主管道格決定在整個團隊面前取笑我寫備忘錄的方式。「你們看過她的備忘錄嗎？」道格問，「簡直狗屁不通！」大家都笑了。

事實是，當時我二十六歲，搞不清狀況，我寫出糟糕的備忘錄是因為我不知道自己在幹嘛。我缺乏經驗，需要協助和指導，而且老實說，備忘錄不是我的強項。

多年來，我逐漸了解到，我實際上是個擁有非線性大腦的好作家。我不以備忘錄格式處理訊息，我需要仔細組織我的備忘錄，因為我將事物視為圓圈，而他人看到的是直線。

但有時我仍會聽到上司的聲音，當我處於另一個艱難的工作環境，你猜怎麼著：我的備忘錄再度成了批判的來源。我的上司把我寫的所有東西批評得一無是處，甚至挑剔我的字體選擇，我內心的負面小劇場全面上演：「妳太沒有條理了！亂寫一通！妳出過書，發表過文章，怎麼連備忘錄都寫不好，真是的！妳果然不知道自己在幹嘛。」

直到最近，這種負面的自我對話引發了焦慮螺旋和自我嫌惡，它們常讓我連著好幾天情緒低落，並觸發了各種不健康的行為，從健身到幾乎受傷，到同時暴飲暴食和嚴格限制食物攝取——在這期間我幾乎沒察覺到這種批判聲音的存在。

處理負面自我對話（許多人再熟悉不過的叨叨絮絮的內在譴責和批評）的第一步就是，覺察到它在說什麼。就像扮演偵探去找出你的焦慮想法、感受或行為，一開始你**只**需要這麼做：去覺察。你不需要修正負面自我對話、忽略它或回話，這感覺上有點違反常理，因為超成功者習慣於制定戰略，解決問題。但現在，只要注意那個聲音說了什麼，而且（這很重要）不帶評斷地做。**啊**，你內在那個更用心、更成熟的聲音會說：**真有意思**。

接著，在情緒性反應較低的狀態下，你可以開始進行一些調查：這些話和它們所反映的態度是否一直跟隨著你？這聲音和它所說的話聽來像你認識的任何人嗎？你第一次注意到它是在哪裡？這聲音是不是在特定情況下出現？能不能看出其中的模式？

多年來，認知行為療法（CBT）一直是治療嚴重焦慮症的黃金標準，它的源起正是對於有效治療負面自我對話的需求，因為它是引發許多人抑鬱症的根由。一九六〇年代，精神病學家亞倫・貝克（Aaron Beck）在對嚴重抑鬱症患者進行研究時發現，他們的思考模式都表現出他所說的「系統誤差」（systematic error）：針對自己的負面偏誤。他觀察到，經由「錯誤的訊息處理」，他們傾向於透過消極鏡頭去觀看發生在他們身上的每一件事：過去、現在和未來。他們預期最壞的情況會發生，且往往產生「大量的自我批判」。

從這些初期觀察中，整個CBT領域誕生了，貝克的見解是：我們的思想決定了我們的情緒和行為，如果我們學會改變自己的思考（從沒有事實根據的無益感知轉變為更客觀、基於現實的感知），那麼我們就能擺脫那些會加劇我們的焦慮、抑鬱和局限性行為的不利自己的思維模式和負面自我對話。簡言之，CBT能幫助人學習辨識、改變那些對他們的行動（行為）和感受方式（情緒）有負面影響的有害思維模式（認知），這個框架使得CBT不同於其他形式的心理治療，它把改善情況的大半權力交到個人手中。

CBT的標誌性原則之一是，學習覺察到你的自我對話——整天「說個不停」的內心獨白。我們的自我對話是如此自發、根深柢固而微妙，以致往往在我們渾然不覺的情況下影響我們的心情、幸福感和表現。

自我對話可以是正向的（「搞定！」或「這件夾克穿在我身上真好看」），中性的（「別忘了到乾洗店拿衣服」），或者焦慮和抑鬱的人身上常有的與消極的（「真夠蠢的了！」或「我怎能說這種話？」）。這時暫停一下，仔細聆聽，你可能會發現你內在的聲音有很多話要說，一旦你能辨識出你的負面自我對話，你就可以開始面對、質疑它。你可以問：我告訴自己的情節或者我對自己的觀察是真實的嗎？光是提出這問題已是邁出一大步，因為覺察逐漸打破了負面自我對話的控制。

作家安．拉莫特（Anne Lamott）將我們「隨時在線」的內心獨白稱作KFKD（K-Fucked）電臺。一隻耳朵聽到的是你有多特別、聰明又神奇的自我誇耀的聲音，另一隻耳朵裡的聲音則指出你所有的失敗、缺點和懷疑，如果你也像大多數的焦慮的成功者，那麼你肯定非常熟悉這種負面的聲音。困擾我們的「認知扭曲」（cognitive distortion）多半來自我們不曾停下來檢視的負面自我對話，毫不意外，負面自我對話和焦慮、抑鬱、創傷後壓力症候群、攻擊性和低自尊有關。

如今我經過良好治療，也熟知自己的負面自我對話，我可以較輕鬆地處理它，而不會被它的嚴厲言語迷惑，或浪費太多時間試圖應付它。同時我也能在真相的亮光下檢視我的負面自我對話：我真的不擅長寫備忘錄？嗯，沒錯，但是沒關係——我可以改進呀。我真的文筆雜亂無章？不，我只是工作方式不同。

那麼這聲音從哪裡來？是誰的聲音？

這個嘛，就如一般常見的狀況，我們可以將大部分自我對話的根源追溯到童年，即使你生活中並沒有嚴厲、冷酷的人說過你目前聽到的那些話也一樣。在我老家有個迷思，說我在學校不用功，全靠天資聰穎，因此被人家說文筆雜亂或不專注會觸發我內心的一種非常特殊的聲音：我母親的聲音。更具體地說，是我母親堅定地認為我不夠努力，我活該失敗，因為我光靠一張嘴唬人——不像我姊姊，她好努力、好努力啊（如果更深一層挖掘，我還聽到**這點**背後的聲音，它說我的價值在於達到完美）。

當獨白開始重複播放，我會停下手邊的工作，說：「嗨，媽媽！」這輕鬆隨意的短暫覺察（指出那聲音其實是一種根深柢固的模式，而且很重要的，將我和它分隔開來），通常就足以中斷沒完沒了的負面自我對話，把我帶回當下，也就是回到現實。

並不是說，因為寫了糟糕的備忘錄而被批評這件事不傷人，這很傷人，但我可以衝著我媽媽、道格和其他挑剔上司將手一揮，對他們說：你們說我糟，不表示我真的糟。

這是不斷發展的成年階段的最大好處之一，如今你有了主體性和覺察，你終於能遠離那些舊模式了。那個聲音，說你是冒牌貨，沒辦法領導一家公司的聲音，它是不可靠的敘事者，你不必相信它、信任它，或者照它的要求行動。你甚至可以停下來感謝那個聲音試圖保護你，但你也可以告訴它，你不再需要那種緊迫盯人的保護了。這種技巧（將你的焦慮外在化〔externalize〕並將自己和它分隔開來，甚至對它的善意表達感謝）是消除焦慮的最強大方法之一。

但有時候，最適當的反應是叫那個聲音滾蛋。

榮獲艾美獎的名人化妝師安德魯．索托馬約爾（Andrew Sotomayor）用一種絕妙的方式處理他的負面自我對話，他稱那聲音叫花栗鼠，藉由把它命名為這種吱吱叫、卡通化的小動物，削弱了它的力量：「好啦，花栗鼠，」他說，「走開。」即使當他的負面自我對話突然急轉直下，說出「你是廢物一個，沒人喜歡你，你在這方面差勁透了，永遠不會有人愛你，你不配被人愛」之類的話，這種技巧也很有效。這類情況「稍微難纏了點」，但他認出這個虛偽的內在聲音其實是不可靠的敘事者，並以同樣的方式回應：「好啦，花栗鼠，我們沒事，走開，我以後再處理你。」

索托馬約爾的做法是和他的負面自我對話保持距離，並將他的真實聲音和危及他的工作和自我價值的不可靠敘事者隔絕開來。他能夠關掉ＫＦＫＤ電臺，並藉由把它重塑為一隻弱小的花栗鼠，來讓他的破壞性自我對話不再那麼可怕。

前臨床心理學家、《與焦慮和解》（*The Anxiety Toolkit*）一書作者愛麗絲・博耶斯（Alice Boyes）建議像索托馬約爾那樣想出一個有趣的角色，或者一個令人討厭的角色，來區分焦慮的聲音和你自己的聲音。她說，目的是「將你的焦慮稍微外在化，和焦慮的聲音建立更輕鬆的關係。」就在這種較平靜、情緒反應較少的狀態下，你可以開始客觀地審視那個焦慮的聲音，並認知到它將你導入什麼樣的歧途。

越早將**你的**聲音和你內在的花栗鼠聲音分開，讓自己回到現實，你就會越快找回生產力，作出更好的決策。

自我同理的必要性

負面自我對話極為引人的一點是，它一開始為何會存在。為什麼我們內在會有一個似乎自己在那兒說個不停的聲音？為什麼它會經常告訴我們一些會破壞我們的自信，讓我們變得較不開心、效能變差的事情？這些都是關於我們自己的事，而且有害又不真實。

信不信由你，答案可以追溯到我們的原始腦和基本生存本能。事實證明，如同焦慮，負面自我對話的原始功能是保護我們不受傷害，如果我們的祖先犯了一個威脅到他們生存的錯誤，那麼很重要的是記住這個錯誤，並且為此自責一番。想想看：如果你對自己進行嚴厲評判，並且為犯錯而感到羞恥，你就不太可能重蹈覆轍。久而久之，這種自我責備、自羞自慚的衝動變得越來越強烈，因為演化選擇了它並將它編寫到我們的深層記憶中；如今，即使我們犯的錯不至於威脅到我們的生存，它仍然會出現。再一次，這是一種演化適應性反應，在現代背景下，它已經出了問題。

在「隱藏的大腦」（Hidden Brain）Podcast 節目中，心理學家、自我同理專家克莉絲汀・娜芙（Kristin Neff）解釋說，負面自我對話（她稱之為我們的內在判官〔inner critic〕）「來自尋求平安的單純願望」，它連接了身體的「戰鬥、逃跑或僵直」反應，因為犯錯或在某件事上失敗對我們來說感覺很危險而可怕，大腦會啟動焦慮反應，就像我們在夜裡聽到「砰」的重擊聲的反應。這時，娜芙說：「我們要麼展開戰鬥，認為自己能控制局面並確保安全，要麼羞愧地逃離我們感知到的他人的評斷，或者我們會僵住並且陷入苦思。這些其實都是我們試圖保持安全的完全自然的方式，因此你甚至可以說內在判官的動機是良善的，即使後果並非如此。」

我們從內在判官的話當中感受到的羞恥尤其有害，這是毒癮、飲食失調和自殺意念等機能失調行為的一個重要因素，而且自我批判傷害的不光是我們自己。娜芙解釋說，當我們把自己數落一頓，壓力荷爾蒙皮質醇會升高，我們會變得更容易對別人發怒。此外，由於人們很容易察覺彼此的內在心態，因此情緒具有一定的傳染性，如果你脾氣暴躁、激動又緊張，你的團隊也較有可能脾氣暴躁、激動而緊張。當我們的心態是如此，娜芙說，我們就不那麼有耐心，不那麼有效能，當然也不那麼投入，因為羞愧和自我批判實際上是「異乎尋常地自我沉迷的狀態」。

那麼，我們如何讓自己擺脫充滿了負面自我對話、焦慮、羞愧和適應不良行為的向下螺旋——我們試圖讓內在判官安靜下來而進入的狀況？一個強大的方法是練習「自我同理」。

如果你已經在翻白眼，先別這麼快下判斷，我也曾經和你一樣，但那時候我還不明白自我同理有多麼具有變革性，以及它實踐起來有多麼困難，因為有太多人早已習慣了他們內心反覆播放的一長串自我批判。我也了解，給予自己同情，尤其當我們犯了錯或未能達到目標而覺得辜負了別人時，感覺起來會有多違反常理或根本錯誤：這時我們不是**正該**批評自己，以免再犯同樣的錯誤？自我同理不就等於輕易放過自己，或者把問題掩蓋起來？

從各方面看來，娜芙的研究得出了完全相反的結果。

根據娜芙的說法，類似於焦慮的不可靠敘事者的聲音，內在判官也會**抗拒現實**。它「不知怎地相信，只要我們夠努力，就可以達到完美」，她說。但真相是，每個人都會犯錯，面對不斷移動的球門柱，完美是不可能達到的標準。雖然自我批判可以作為一種短期激勵，但娜芙說：「就像體罰孩子的效果，短期內得到順從，但會造成很多長期的傷害。」

成為自己工作中的內在盟友

本練習取自克莉絲汀・娜芙著名的「自我同理休息」（self-compassion break）練習，略加修改以便在忙碌的工作天使用。[a]

當某種工作狀況激發你的內在判官，為自己騰出三分鐘。我發現換個位置相當有用，因為身體活動可以暫時平息我的內在判官，提示我的腦子重新啟動。如果你無法離開辦公桌，不用擔心，這個練習是內在的，你可以在任何地方進行，不會有人注意。

首先，深吸一口氣，對自己說：

「這是一個焦慮（或疼痛、緊張、苦惱——任何貼切的用語）的時刻。」

「焦慮（或疼痛、緊張、苦惱）在工作中很常見，每個人都會不時遇上。」

「願我在這一刻給予自己所需的同情。」

最後一句可以隨著情況任意調整。我曾在一次開會後使用這練習，當時我脫口說出一句輕率批評，久久放不下內疚和羞愧，儘管團隊很快接受了我的道歉，對我的失言一笑置之，說那沒什麼大不了，但我的自我同理聲明是「願我能原諒自己」。其他時候，經常就只是簡單一句：「願我能善待自己。」

這練習很有效，因為它喚起了娜芙所說的自我同理三要素：**正念覺察**（mindful awareness）而非過度認同你的負面想法和感受；**共同人性**（common humanily）而非孤立；以及**自我善意**（self-kindness）而非自我評斷。

a Kristin Neff, "*Exercise 2: Self-Compassion Break*," self-compassion.org, n.d., https://self-compassion.org/exercise-2-self-compassion-break.

自我批判也不會提高你的工作表現。「當你有大量焦慮，它實際上會破壞你發揮最佳表現的能力，」娜芙解釋說：「如果你充滿羞愧，羞恥感實際上會關閉你學習和成長的能力。」它會導致抑鬱和缺乏動力，意味著它實際上會招致反效果。娜芙的研究發現，比起忽視自己的錯誤或缺點，較能自我同理的人對自己的錯誤更有擔當，更認真，也更有可能道歉。事實證明，不練習自我同理往往會處處事與願違。

對大多數人來說，自我同理是一種後天習得的技能，必須練習很多次才能養成習慣。但沒關係，即使在學習自我同理的時候也要對自己有同情心，並牢記你的最終答案（為了得到更好的實踐，請參閱「成為自己工作中的內在盟友」練習）。

自我同理不是輕易饒過自己或自我放縱，它是關於學習挺直腰桿，以是非分明、正確的態度去面對你的工作和你的領導者角色；它是關於不被焦慮的虛假敘事者的聲音，或者內在判官的偏頗聲音所蒙蔽和剝奪權力。

別忘了：接受內在判官告訴你的東西，**確實**能讓你暫時擺脫困境。如果你相信自己是個冒牌貨，相信自己沒有能力、不配在那裡、永遠不夠**好**……你會軟下來，不肯進入領導者的角色。

別讓這種情況發生，要挺起胸膛，擔起你的職責。

6 思考陷阱

二〇二一年初，我應邀加入一個享有盛譽、僅限受邀者參與的商業作家小組，它是那種會立刻引爆冒牌者症候群的團體，暢銷作家、家喻戶曉的人物、TED論壇超級演說者、甚至四星將軍……你懂的。我和這群了不起的人在一起能有什麼搞頭？我承認當我寫email向該小組介紹自己，就連在信中打招呼都會引起強烈焦慮，但令我欣喜的是，該小組最具聲望的成員之一回覆說：「感覺自己像冒牌貨是加入本小組的必備資格。」許多其他成員陸續加入郵件來往，表示他們也有同感。對我來說這是一個重要的「Aha！」時刻[31]：太多人感覺自己格格不入，包括（或者特別是）我們當中最有雄心的人。

冒牌者症候群（無法相信自己配得上既有的成功，以及那是自己發揮本領的成果）是心理學家所說的**思考陷阱**（thought trap）的首要例子。你或許也聽說過

31 編註：意指忽然頓悟或是開竅的時刻。

被稱為認知扭曲、思考誤差或負面無意識思考的思考陷阱，雖然這些嚴重偏差且不真實的思維模式確實扭曲了我們的感知，而且變得根深柢固，以致它們常常自動發生，但我更喜歡思考陷阱這個用語，因為它抓住了那種受困的感覺。

思考陷阱往往會重複運作，而且很容易在我們苦惱時發生，因此毫不意外，焦慮和抑鬱的人往往更常經歷思考陷阱。試想：如果你滿腦子都是「**我是個騙子，別人隨時都會發現我其實不知道自己在做什麼**」，你的心情和自信會直直落，你的焦慮會上升，而思考陷阱將從此影響你的行為。有些人可能會轉向拚命工作來對抗冒牌貨的感覺，其他人則會訴諸物質使用、逃避或消極對抗之類的適應不良應對機制。無論是什麼感覺或行為，都是受到扭曲的**想法**（思考陷阱）的支配。

當思考陷阱發生，我們便無法看清楚、有效溝通或作出能起作用、基於現實的決策。通常，我們所作的不明智決策，其後果往往對我們和我們領導的團隊產生負面影響，這加劇了我們的焦慮，並可能導致我們陷入更深的思考陷阱，真正成為一種惡性循環。

覺察到你的思考陷阱可能需要一些練習，因為它們太平常、太自然，以致我們往往根本沒注意，因為它感覺就像我們個性的一部分。你可以試試這個練習：回想某個你覺得焦慮的時候，也許是過去某個讓你難以忘懷的情況，在最近一次緊張談判或目前你正經歷的事情當中又冒出來的。你在心理上如何應對那種焦慮？你是否自然而然地認為該情況是你的錯？假設最壞狀況必然會發生？認為這種事總是發生在你而不是別人身上？執著於問題所在，怎麼也放不下？這些都是思考陷阱以及你的焦慮出聲說話的例子！

放心，有相同問題的人太多了，因為我們都會時不時地被思考陷阱所困，更何況它們非常普遍，但我們可以從大量的指引中尋求幫助。

為何會出現思考陷阱？

發生思考陷阱最簡單（也最無法令人滿意）的原因是我們是人類，**每個人**都會參與思考陷阱，而且出奇容易作出不合理的連結或無益的假設，或者不自覺地採取偏差態度或舊的思維模式。

有個關於為何會發生這種情況的解釋，是一種如今已為人所熟知的說法，我們在思考上的誤差可以追溯到一種作出迅速判斷的固有生存本能。臨床心理學家保羅．吉伯特（Paul Gilbert）寫道，大腦已發展出一種「安全總比後悔好」的威脅評估系統，該系統看重效率更甚於準確性，它傾向於假設最壞情況，高估威脅程度，並立即展開威脅回應，努力確保我們的安全。你的大腦說：**如果我永遠假設最壞情況會發生，我就能隨時作好準備去應付它。**

認知行為療法（CBT）告訴我們，我們很容易陷入的獨特思考陷阱類型，是我們從小學到的核心基本信念，**加上**成長過程中試圖理解周遭世界而形成的態度和設想的結果。舉個例子，如果你在一個雙親過度保護、努力讓你避開任何傷害或失望的家庭中成長，你的核心信念可能是，這世界充滿了危險。從這個核心信念的基石中可能會出現，**為了生存我必須凡事低調**，或**我得永遠保持警惕**之類的態度和設想。由於這種對世界的焦慮傾向影響著我們的感知，可以想見我們會如何屈服於非理性的想法和信念。

精神病學家大衛．柏恩斯（David Burns）是第五章提過的已故精神病學家亞倫．貝克的早期學生，他說當我們心煩時，常會告訴自己一些關於世界和自己的誇張或不真實的說法。只有當我們覺察到這種「心理騙局」（mental con）時，才能改變自己的思維，進而改變自己的感受，當然，也就能改變自己的行為方式。

放開思考陷阱，或淡化它們，是你所能採取的最大領導行動之一。為什麼？因為領導就是承擔風險，當你陷入思考陷阱，你會發現幾乎不可能冒險，因為失敗的代價似乎很重大。但這就是心理騙局！實際情況是，你的危險評估系統反應過度，因為這是它固有的運作方式，而你回應威脅時告訴自己的說法是不真實的，或起碼被嚴重誇大了。

焦慮的成功者常有的思考陷阱

來看看職場和領導工作中最常影響我們的十大思考陷阱，這些範例主要來自柏恩斯的經典著作《好心情手冊第一部：情緒會傷人》（*The Feeling Good Handbook*），另外我還納入了對焦慮的成功者似乎特別有影響的「杞人憂天」和「過度思考」。

全有或全無思維（All-or-nothing thinking）

柏恩斯形容這種思維是習慣以非黑即白的態度看待事物的類型。例如，如果某種情況在你眼中不夠完美，你就會認為那是全盤失敗。

全有或全無思維（又稱**兩極化思維**〔polarized thinking〕）剝奪了我們充分體驗生活的多樣性和複雜性的機會，它會導致低自尊、錯誤決策，以及所有認知扭曲都有的，專注於負面因素。一個典型的例子是常見的求職面試，具有全有或全無思維的人會在面試結束時一心想著自己犯下的一個錯誤，或者漏說了的東西，然後下結論這次面試失敗透頂，他們別想得到這份工作了。一種較健康、較微妙的態度是把面試作為整體來考量：沒錯，有幾件事你希望能有不同做法，但總的來說，這次面試還算順利。回應全有或全無思維的一個絕佳方法是用「與」取代「或」：面試中有正向**以及**負面的部分，這次經歷混合了好**與**壞。

當你確信事態嚴重，去找一位可信賴的諮商者。對我來說，這人通常是我的丈夫或我以前的事業夥伴，因為他們很了解我，作為可靠的敘事者，他們能為觸發我焦慮的情況帶來些許真實。有時這意味著幫助我看清灰色地帶，而不是死守著自己僵化、完美對上失敗的心態。重要提示：找信賴的人商量是健康的應對機制，只要你求助的人不會覺得你把責任推給他，而且能提供客觀的意見，否則你只是在傳播負面情緒。

貼標籤（Labeling）

柏恩斯說，貼標籤是非黑即白思考的一種極端形式。「你不是說『我犯了一個錯誤』，而是給自己貼上一個負面標籤『我是一個失敗者』」，柏恩斯寫道。在批評自己、自我貶低時，我們每個人都有自己的首選標籤：**失敗**、**無能**、**不夠**

格和**不配**等有害標籤，似乎經常出現在焦慮或抑鬱者的負面自我對話中。可想而知，這些標籤只會讓問題加劇，柏恩斯稱它們是「導致憤怒、焦慮、沮喪和自卑的無用抽象概念」。

當然，當涉及到他人，我們也會貼標籤。如果你的上司作出一個糟糕決策，你會不自覺地想：**真是白癡！**儘管他作的決策十之八九都是正確的。

柏恩斯指出，貼標籤本質上是不合理的，因為人和他所做的事是不一樣的，換句話說，我們的核心身分和我們的活動是有區別的。貼標籤的思考陷阱，錯誤地將問題的根由歸咎於一個人的整體性格或本質，而不是他們的思維或行為。

再次強調，這樣的思考誤差能在你遇上狀況時暫時脫身，如果你認為自己天生差勁（**我是失敗者**），而不是一個會犯錯或作出錯誤決策的正常人（**我偶爾會失敗**），基本上你是還沒努力就放棄了。給別人貼標籤也是同樣的情況，「你認為他們一整個差勁，」柏恩斯寫道，「這讓你對改善狀況感到敵對和無望，幾乎沒有建設性溝通的空間。」貼標籤使得我們很難建立一種有著建設性溝通，和不斷追求精進的團隊職場文化。

一個對抗思考陷阱的絕佳方法是，檢視各種支持和反對你的思考誤差的證據，我認為這對貼標籤特別有效。回到你上司的例子，他作出了一個糟糕決策，而你的無意識想法是：**真是白癡！**

首先，有什麼證據可以顯示他是白癡？以此來看，你的證據是他今天作出了一個糟糕決策。還有別的嗎？全部寫下來。接著，檢視你的證據是否真實。一次糟糕決策真的能證明你的上司是個白癡？當然不是。寫下相反觀點的證據也會有幫助，你有什麼證據可以顯示你的上司**不是**白癡？我敢打賭有很多！你也可以把這方法用在自己身上，而且同樣地，我敢打賭你會發現你只是為了一個單一事件給自己貼上負面（和不真實）的標籤，因為你也同時能夠找到很多東西來證明你的才幹和技能。

一旦把自己的思考陷阱攤在陽光下，你可能會對它們感到可笑或尷尬。沒關係！人在緊張或沮喪時很容易陷入非理性思考，把腦中的這些想法挖掘出來，往往便足以擺脫它們對我們的控制。

妄下結論（Jumping to conclusions）

這種常見的思考陷阱有兩種形式：當你武斷地得出結論，認為某人對你有負面反應，就是**讀心**（mind reading）；當你毫無依據卻預言事情會惡化，是**算命**（fortune telling）。

讀心會讓我們相信別人有一些實際上並沒有的想法（「他覺得我不配得到升遷」、「她一定是在生我的氣」）；算命會導致不作為：既然你堅信事情不可能改善，又何必努力？

除了會對我們的自尊、生產力和人際關係產生有害影響，妄下結論這種思考陷阱還會帶來一種特殊危險：它會嚴重損害我們的決策制定。如果我們根據不充分的證據作出決策，我們很可能會犯錯。所有領導者都時不時需要快速作決策，可是當你面臨壓力，或者天生容易焦慮且難以忍受不確定感，這是召集一群可信賴的諮商者，來確保你看到所有證據並按照它們進行思考的好時機。

另一個對抗這種常見思考陷阱的好方法是，用些許真相打擊它。首先，問自己：我確實可以觸及別人內心的想法？我**真的**能確切知道未來會發生什麼事？接著，檢驗你的結論。你有什麼證據可以支持它？把它寫下來，通常我們會得到一份相當貧乏的清單！有一次我以為某同事在生我的氣，因為我們在走廊擦肩而過時她沒笑。結果發現，她的憂慮、不開心表情根本與我無關，她的兩個孩子都生病了，她正趕著去學校接他們。你也可以提醒自己過去你妄下結論的時候，有沒有可能這次也是同樣情況？

杞人憂天（Catastrophizing）

作為最常見的思考陷阱之一，杞人憂天是指憑著極少證據或毫無證據便得出最壞結論。那個小斑點肯定是黑色素瘤；和另一半爭吵預示著關係的結束；不那麼完美的績效考核成績意味著你會被解僱……無論面對什麼問題，杞人憂天者總會假設最壞狀況。

杞人憂天不只關係到非理性恐懼，告訴自己某項工作太巨大、太可怕了，根本不可能完成，足以迅速削弱我們的表現。就拿分析公司金流作為例子吧，當你打開會計軟體，你可能腦袋一片漆黑，突然間，一整個月的數字迅速化為一種信念，也就是業務重創，你就要無家可歸了。即使你完全覺察到這念頭不是真的，並且你有充分的反面證據，可是當你焦慮高漲，而且正受到這一種思考陷阱的支配，無論多麼古怪的「萬一……怎麼辦」情節也似乎都合理了。

獲獎作家艾胥莉．C．福特（Ashley C. Ford）敏銳捕捉到這種經歷中固有的虛假邏輯：焦慮和抑鬱是不可靠的敘事者。你可以聽它們說話，但你不必同意它們告訴你的東西，因為它們是騙子。「這就是它們做的事，」她說。「（它們的作用）就是對你撒謊，告訴你事情會一直糟下去，你也會一直給人惡劣的印象。」

但福特已學會分辨某種感覺是來自真實的自我，抑或受到焦慮和抑鬱告訴她的謊言的刺激。「你必須看情況，走走停停，『這是我的感受……但這並非現實，這是一種感覺，而感覺不是事實。』」

早在二〇二〇年三月，當股市暴跌，人們對 Covid-19 的憂慮飆升，我的一位大客戶取消了和我的小公司的合作，我很快認定我們的公司完了。**我們絕對熬不過這關的**，我不斷告訴自己。但後來我和我的事業夥伴（一個比我可靠得多的敘事者）商量，她建議根據數字調整預測，換句話說，要根據事實，而非我的感受。事實顯示，那年我們將損失一半收入，這很令人不安，但和完全停業的情況大不相同，因為憑著事實，我們可以進行調整來彌補損失。

杞人憂天是非理性的，因此你無法用說理的方式去克服它，要擺脫這種思考陷阱，較有效的方法是採取一個小而有意義的行動來阻止心理螺旋。有時它可以像找個較可靠的敘事者商量那麼簡單，有時也可以稍微再往前推進一步，看來或許微不足道，但就算取得一點點進展也能緩解焦慮，並給大腦重拾專注力、回復工作成效所需的推力，同時它也會讓你的注意力從想像中的惱人場景，轉移到富有效益的事情上。

總之，盡可能專注在近期的事務。你或許無法告訴你的員工明年甚至三個月後會發生什麼事，你無法保證一切順利，但你可以幫助你的員工和你自己對眼前的一週安心。專注於這點，等你平靜一點或者可以聽取可靠同事的意見時，再處理較大的問題。有時，為了安然度過當下，你必須把未來關閉一段時間。

過濾作用（Filtering）

柏恩斯描述了心理過濾（mental filtering）的負面呈現：「你挑出一個負面細節，然後滿腦子只想著它，於是你對一切現實的視野變暗了，就像一大杯水被墨水滴染黑了。舉例：你從一群同事那裡接收到許多關於你的報告的正面評語，但其中一個說了些略帶批評意味的話。你連著好幾天苦思他的反應，忽略了所有的正向回饋。」但這是雙向的：你也可以專注於一個正向細節，同時忽略那些更關鍵的批判性訊息或消極資訊。

無論哪種方式，你都會發現思考誤差是如何蒙蔽你對現實的感知。我們執著於一個極為狹隘的經驗片段，忽略了其餘部分，錯過了從大量相反證據中受益的機會。當我們沉溺於負面事物，我們會錯失發揮所長的良機，而且很容易變得氣餒，甚至絕望。當我們沉溺於正向事物卻沒得到建設性的回饋，我們會錯過磨練技能、提升表現的機會。

對抗這個以及下一個思考陷阱（低估正向回饋）的一個實用方法是，把你的各種成就存檔。建立一個包括email、推文、簡訊、讚詞或其他形式的正面回饋（能證明你表現出色的客觀證據）的活檔案，每當你感到不知所措或懷疑自己的成就，溫習一下（小訣竅：成就日誌能讓自我評估和績效檢討變得輕而易舉）。

低估正向經驗（Discounting the positive）

這個思考陷阱和過濾非常相似，但我想把它提出來討論，因為它在焦慮的成功者身上十分常見。它是一種堅持正向經驗不算數而加以否決的謬論，聽說很多領導者以這種方式低估自己的成功，我自己也犯了同樣的錯誤。你把成功歸因為運氣或好時機，稱之為僥倖；又或者你駁回一件做得不錯的工作，說那沒什麼特別，任何人都辦得到。

儘管乍看下，低估正向經驗似乎不像其他思考陷阱那樣有害，但想想看，要是它阻止你重複成功或嘗試新事物，那又會如何。我的一位前同事有公開說話的恐懼症。雖然她發表了多次頗受歡迎的演說，但她認為每一次都只是僥倖，不可能再發生，因此她放棄了許多需要扮演更公開角色的難得機會。

「應該」表述（“Should”statements）

「我早該成就一番事業了。」「我的上司不該這麼倔強、固執己見。」「在這家公司出人頭地應該不難。」「我早該知道的。」這個常見思考陷阱的例子數不勝數。當**應該**、**必須**、**應當**、**不得不**之類的字眼以及它們的負面形式出現時，你就要注意了。

「應該」表述是一種思考陷阱，因為你是在告訴自己，事情應該按照你希望或期待的方式進行。這種表述方式實際上無法反映真實。如同上面的例子表明的，它們可以針對你自己、他人或所有人。柏恩斯說，試圖用「應該」表述來激勵自己往往會有反效果，因為你把自己當作有過失的人，在你能夠去做任何事之前都得受到懲罰，這會讓你想要反抗，更容易去做相反的事。

「應該」表述在工作中也可能是有害的。針對自己的「應該」表述會損害你的情緒和動機（「我不該用草稿形式提出那個案子的，這下我的上司以為我不會拼或寫了！」）；針對同事的「應該」表述可能會讓他們覺得受罪和羞辱。你有多常想到「他真不該當眾吐槽老闆，他怎麼了？」之類的事？針對世界或體系的「應該」表述會導致憤怒和沮喪，而不是真正的改變。

然後是比較級「應該」表述（comparative shoulds）的思考陷阱。有些研究人員把社會比較看成一種獨立的認知扭曲，尤其當比較導致負面的自我評價（「他的銷售額總是比我高」或「她一向比較會賺錢」），社會學教授潔西卡．卡拉科（Jessica Calarco）強調了比較級「應該」表述的一種在工作中可能有害的特殊的交互循環（iteration）。「如果你覺得職場的其他人每週都投入七十個小時，而你最多就只能投入三十五小時甚至更少，那麼你就會感到彆扭、格格不入而且像個失敗者，」她說：「（你會覺得）你沒有達到為所有人設定的標準。」這種充滿競爭、不健康的工作文化十分常見，它會造成個人和集體的焦慮。

當你發現自己在做一種「應該」表述，試著把它寫下來，然後用一種較溫和、不那麼苛求的方式重新表達出來。例如，與其說「我早該成就一番事業了」，試試把它改寫成「我想在事業上更進一步」。好，你可以採取哪些行動來達成這目標？有時答案是肯定的，有時你會發現，你的「應該」表述背後的信念是不切實際的，例如「我應該要能隨時預測上司的需求」就很不實際，你可以放棄這個不可能達成的標準。

攬責與指責（Personalization and blaming）

攬責與指責是同一種思考誤差的相反表達。當你要求自己對不受你控制的外在情勢和行為負責就是攬責，即使該行為是由其他人犯下的，你也要為此承擔責任；指責則恰恰相反。

舉個例，你的一個直屬手下正苦於工作量過大，而你認為這證明了你是糟糕的上司，這就是攬責的運作方式：他們受苦是**你的**錯。另一方面，指責則把所有責任推給你的直屬手下：這是**他們的**錯，連自己的工作都處理不來。

在這兩種情況下，較健康的回應方式（無論對你或你的直屬手下）是和對方碰面，詢問他問題的原因出在哪裡，然後制定對策。請注意，這種回應方式需要你抛下成見，傾聽對方的聲音，這能讓你的注意力從扭曲思考的私人領域轉移到外在，聽到真實訊息。

順帶一提，自責對焦慮的成功者來說是個大問題，我們總認為事情是自己的錯，即使那是系統性的，或超出我們的控制範圍，為什麼我們這麼急於為那些按邏輯看來不可能錯在我們的事情承擔責任？

心理學家提出三個常見原因，它們都和自我保護有關。首先，自責可能會帶來一種掌控全局的錯覺，因為我們也知道不確定感或感覺失控有多容易引發焦慮。如果我們對某個負面事件負責，就意味著它的結果可能是可控或可避免的，也就意味著我們相信自己保有某種形式的控制力。其次，自責可以是避免衝突的一種方式，如果我們自己擔起責任，就可以免除和他人對抗甚至報復他人（帶有引起他人反擊的風險）的必要，無論是哪種情況，我們都避免了當面對抗的壓力和焦慮。第三，自責可能是對童年舊創或過去創傷的一種習得反應，當你還年幼、相對弱小的時候，在家裡出了問題時責怪自己，順從行事，而不是面對雙親並冒著惹怒他們的風險，可能會比較安全。這種早年習得的模式可能會成為一輩子的習慣性回應方式。

對於這種思考陷阱，應用自我同理技巧會很有效，想進一步了解，請參閱第五章「成為自己工作中的內在盟友」練習。

反芻思考與過度思考（Ruminating and overthinking）

反芻思考是一種關係到重複念頭或主題的強迫性思考，我稱之為苦思（stewing）。這些念頭通常集中在過去發生的負面事件上，但也很容易鎖定在當下或預期中的未來問題，無論我們反芻思考的對象如何，這種思考陷阱是巨大的焦慮放大器，會破壞情緒、工作表現和生產力。

反芻思考這種思考陷阱太常見了，人人都能想出一大串個人例子，誰不曾記掛著別人的一句輕率評語，某個你被輕視或侮辱的時候，或者你在六年級的那次尷尬經驗？或者誰不曾執著於工作或關係中的某個問題，以致我們不斷把它在腦子裡翻來覆去，反覆播放？

我問焦慮專家愛麗絲．博耶斯，我們為何會這麼做？因為反芻思考只會讓我們更加焦慮。

「焦慮的人想要盡快解決不確定感，最後往往闖進原本不需要進入的狀況，」她告訴我，「人們最終會接受更糟糕的結果，而不是潛在的更好結果，因為他們不想忍受不確定感。」反芻思考呢？事實證明，你的大腦會以自己的奇特方式努力為你解決問題。「要知道你有一些情緒上的痛苦，而你的大腦試圖幫助你弄清楚，只是它沒有以一種真正有用的方式做到這點。」博耶斯說。原因可以追溯到我們了解的、關於大腦如何努力保護我們對抗現有威脅的一切。

反覆沉思會加劇焦慮，心理學家告訴我們，反芻思考和有益思緒整理的區別在於，反芻思考不會產生新的思考方式、新的行為或新的對策；相反地，它會一遍遍覆蓋相同的領域，讓我們陷入消極心態，無法提出解決辦法。

說來有點反常，不過，過度思考和反芻思考實際上會讓我們感覺良好：在引發焦慮的情況下，做點什麼總比什麼都不做要好。「人們常認為擔憂具有某種保護作用，因此有利於他們作出正確決定，」博耶斯說：「我們的頭腦說『要是我不擔心……我會忽略掉許多錯誤，我不會預見到會出什麼問題。』最終人會認為自己必須凡事都預先設想。」但真要說的話，她說，結果往往相反，只會讓我們更加困惑，更束手無策，最後陷入無所作為的模式。

我承認，對我來說這確實很難，我也還在努力，但我發現有個方法可以讓反芻思考起碼中斷一陣子，就是寫下自己的想法。這是「把想法攤在陽光下」，以便在它們不合理或不合邏輯時看得更清楚的另一種方式，當我看清它們的本質，這就給了我繼續前進的動力。

情緒推理（Emotional reasoning）

情緒推理可以概括為「我有這感覺，因此它一定是真的」。例如：「我對搭機感到害怕，可見飛行很危險。」或者「我覺得內疚，可見我是個爛人。」根據認知行為療法，情緒推理恰好弄反了，因為感覺實際上是想法和信念的**產物**，如果我們的想法有偏差，我們因而經歷的情緒也就無法反映真實。

情緒推理的一個常會影響表現的例子，就發生在你對工作量感到不勝負荷時：「我真的快累垮了，這一定是代表我沒有能力處理我的工作。」由於感覺和想法會影響行為，如果你以不健康的方式作出反應又會如何？例如，如果你用逃避或拖延（我們將在第七章探究的兩種典型的不健康反應）來回應難以負荷的感覺，不僅會加劇你的焦慮，還會加重你原本就難以承受的工作量。

什麼是健康的反應？和應對許多思考陷阱相同，設法放下腦子裡的雜念，找治療師或其他可靠的諮商者談談，並對那些情緒推理例子進行真相測試。例如，你的不稱職感是暫時的，很可能被誇大了，甚至可能是虛假的。

思考陷阱和你的領導風格

當然，對你來說，生活在你的思考陷阱中是充滿壓力而痛苦的事，但想像一下你的同事和直屬手下的感受。領導者的行為（從你的一般舉止、說話口氣、心情一直到你在壓力下的反應）對員工有著莫大的影響，如果你的焦慮顯而易見，它肯定會影響他人，而如果你依靠思考陷阱來平息焦慮，很可能搞得人人不安，因而無法發揮最佳表現。沒人能活得小心翼翼或經常被觸發情緒，而還能夠清楚思考或發揮最佳效能。

我們會開玩笑說人家是掃興鬼和緊張大師，但事實是，為一個總認為自己糟透了或事情出錯都該怪他們，或者把錯誤和缺點看成天大失敗的人工作，是極具挑戰性的。

相較之下，具有心理安全感的團隊能夠公開犯錯並在事後談論它們。我們都渴望工作中的心理安全感，這對於把工作做好至關重要，但很難得到。多數人都害怕犯錯，因為我們都怕露出可笑、不夠格或不稱職的樣子。我們都怕丟臉，當你感覺你的工作取決於把事做對，心理安全就很難實現。

幾年前，當我那唸幼兒園的孩子告訴我，那天他在學校學到重要的一課，我頓時恍然大悟。他自豪地轉述，「當我犯錯時，我的大腦就會長大！所以犯錯是一件好事。」對我來說這觀念相當激進。我不由得想：我身邊的團隊會這麼想嗎？他們怕不怕犯錯？好吧，我自己怕不怕犯錯？（怕）和一些害怕在別人面前丟臉、出醜的成年人一樣，我有沒有格外賣力工作，好裝出一副什麼都懂的樣子？（有）

因此，我請哈佛商學院教授艾美．艾德蒙森（Amy Edmondson，是她將心理安全感〔psychological safety〕的概念帶入了公共意識）澄清幾個關於心理安全的迷思。

首先，艾德蒙森告訴我，心理安全感是「不做好好先生，它不是『安全地帶』，也不是一種不會被觸發情緒的環境，更不能保證你所做的一切都會得到掌聲。」那麼它是什麼呢？「它是一種可以坦率直白的正當感（sense of permission），是相信你可以做你自己，還可以公開發表意見、尋求幫助、不同意某個想法、承認某個錯誤，而不會以某種方式遭到排斥或懲罰。」

她說，具有心理安全感的環境是「可以把專注力放在工作或其他人身上，而不是放在你自己身上，不是放在『我表現如何？人家理解我嗎？我沒事吧？我會被拒絕嗎？』上頭。」

簡單地說，那是一種無須害怕丟臉的環境。

我問艾德蒙森，在具有心理安全感的環境中工作，是不是帶著社交焦慮晃來晃去的反面？她肯定地說：「它和社交恐懼相反，它對團隊合作和任何一種促使我們在探索和追求進步的道路上冒險並多少犯下錯誤的知識相關的工作來說，都極其重要。我們想作出貢獻，我們想和自己喜歡和敬重的人共事，我們不想感受那種可能被拒絕的焦慮。」

克里斯．耶茲（Chris Yates）是福特汽車公司人資長，也是我的「焦慮的成功者」Podcast 節目來賓，他曾和他的一個團隊辦了一個失敗派對，並配有ＤＪ。沒錯，他們用舞會服裝、蛋糕和雞尾酒來慶祝組織的重大挫敗。「我們大肆慶祝這次失敗，因為這是一個難得的學習機會，」他說，又說當時他告訴團隊，「我們將從這次慘敗中記取每一個教訓，讓它永遠不會再發生。」他們做到了，之後再也沒發生過類似的事。「事實上，該團隊的卓越表現直接來自那一刻的體驗。」耶茲說，這是一次關鍵的情誼聯繫體驗。

如果失敗派對對你來說有點過頭，而你又渴望一個更有心理安全感的團隊環境，有幾件事是你可以做的：承認你對某方面不了解，然後一笑置之；承認一個錯誤並且淡然處之；如果團隊或組織經歷了失敗，提出一些善意、不帶評判性的問題，問大家他們認為發生了什麼事。

我們的故事主角不怕丟臉，我認為如果我們想讓我們的團隊擁有一個更有心理安全感的環境，我們也必須對恐懼持開放態度。當你犯了錯，你的大腦會長大！

脫離思考陷阱的掌控

好，假設你已在我們的思考陷阱清單中認出幾種熟悉的思考模式，那歡迎你的加入！因為和你一樣的人太多了。但你現在要怎麼做？我會大力宣揚和優秀治療師合作的巨大價值，但有幾個小而有效的做法是你可以立刻採行，以便逐漸擺脫思考陷阱的支配的，以下是幾種有效的練習。

健身你的心態

正確心態是必不可少的，所以在你試圖解決思考陷阱之前，要給予自己滿滿的同理心。我知道這對許多人來說有點彆扭——相信我，我懂。可是一味怪罪自己是不會有任何進展的，而且**光說不練也無法擺脫思考陷阱**。要記住：我們都會經歷思考陷阱，如果你能用一點輕鬆幽默來看待自己，你會更快回復好心情，也會更快變得有生產力和效能。

發現幽默

如果你的自我同理在滿血狀態，而且能看出你的思考陷阱中的幽默，那就痛快地嘲笑一下自己吧。我們的一些思考陷阱太荒謬了！要是跟著它們的邏輯推論，真的會變得非常可笑：你的錯別字真的會害你被解僱？公司沒達到銷售目標真的都該怪你？當然不是！扭曲的思考會導致我們相信一些荒誕的事。認識到這種荒謬，帶著些許輕鬆自在去看待它，會立刻鬆開某種思考陷阱的掌控。

動起來

你的腦袋是思考陷阱的源頭——所以拋開它吧！做點身體的活動來擺脫思考陷阱的束縛。去散步、和同事一起喝咖啡、找個可信賴的人商量、站起來舒展身體、聽聽音樂、起身跳舞……即使只是向自己提出一些真相測試問題（「這次錯誤真的意味著我的事業徹底完蛋了？」），也別光是想——把它們寫下來。

嘗試引導式冥想

試試引導式冥想（guided meditation），而不只是靜默冥想。我發現，當我的焦慮高漲或者思考陷阱太過頑強，我的冥想練習往往很快變成一種反芻思考（或者杞人憂天、過濾或任何**當下**的思考陷阱）。基於種種原因，持續進行冥想或正念練習幫助極大，因此請試著把它轉換為引導式冥想一段時間，專注聆聽別人說話能分散你對自己和無益思考的注意力。

尋找灰色地帶

一旦發現自己在進行非黑即白（全有或全無）思考，就找一下灰色地帶。寫下你想法中的兩個極端（例如完美或失敗），然後列出一些更能準確反映你的表現的描述（這時你的成就日誌就可派上用場了，如果你還找不到灰色地帶，請和可信賴的諮商者一起進行本練習）。你會發現你的清單包含成功**和**錯誤，勝利**和**挫折。接著再看看那兩個極端，它們實際嗎？有人是完美的嗎？徹底的失敗者？不，你連邊都沾不上。

嘗試平衡思維，從意見中篩選事實

認知行為療法的關鍵原則之一是事實，而非意見。這似乎很顯而易見，可是當你焦慮、沮喪或被觸發情緒，很容易會忘了你對某件事的看法未必是事實。所以寫下你的想法，看看它們是事實，或者只是隨著你的心理狀態而轉變的看法。然後你可以給自己一個取代思考陷阱的東西，一個**平衡想法**（balanced thought）。例如，如果你的思考陷阱是「因為我弄錯了那張幻燈片上的數字，我的團隊會失去對我的尊重」，一個較平衡的想法也許是：「沒錯，我把財務預測數字搞錯了，真是難為情。但這是我三年來第一次出這種錯，長遠來看，這沒什麼大不了的，況且這只是一次團隊內部報告。總的來說，公司上下都非常信任我，我知道這點，因為我看過我最近的三百六十度績效評估。」

有時你會發現你的焦慮想法**的確**符合現實，如果你願意鼓起勇氣，檢視自己的錯誤可以幫助你深入理解自身的恐懼。例如，你總是在高壓力情況下說不出話，或者只是偶爾？或者，也許你的確搞砸了一次報告，但這真的意味著你會被解僱嗎？一旦能夠區分事實和看法，你就能讓自己擺脫困境，大幅減輕焦慮。然後你便能辨認出你需要注意，以及確實可以改進的地方。

斷然說不

這項看似簡單，但有時它正合需要，當你意識到自己陷入了思考陷阱，大聲說「不」或「停止」。使用任何符合你個性和心情的簡潔回答：「不！」「不，謝了。」「今天不行！」關鍵是要徹底打斷思考陷阱。你越常採行這種健康習慣，它就會越來越強大，你的大腦將學會這個提示，在思考陷阱惡化失控之前擺脫它。

萬一最壞情況真的發生？

不瞞你說，我給本章的結論原本是一種比較傳統的切入方式：總結一些關鍵概念，連同幾句幫助你擺脫思考陷阱，讓你可以無礙地充分實現領導力的衷心鼓勵。

但我想說說我的一次經歷，當時我的思考陷阱實際上是正確的。

有一次，我展開一項重要工作，它很快演變成衝突不斷、對話緊張到讓我爆哭的局面。我的上司和我很快同意，等我合約到期就得離開。我即將失業並且重新來過，這完全令我措手不及！

接連幾個月，思考陷阱支配了我的生活。杞人憂天：**我就要失去一切並且破產了。**「應該」表述：**進入這個新職位之前，妳應該對這公司做更多應盡的努力才對。**

還有大量的反芻思考：耽溺於細節、評語、email。我吃不下，睡不著，因為我成天胡思亂想，試圖讀心（**我確信這家新公司的每個人都覺得我不是蠢就是騙子**），同時占卜未來（總是帶有世界末日的場景）。我成了書中每一種認知扭曲的代表，我把我的焦慮變成了行動。

我是非黑即白思考女王，當我的夢想如此巨大，重新開始是很困難的。但有趣的是，所有聽過我這故事的經驗老到的企業人士都不以為意，彷彿那只是生活的日常，絲毫不像感覺上那麼嚴重。

然後有一天，我九十一歲的繼父（他曾在商界打滾多年）對我說：「歡迎入夥。」被解僱、作出錯誤決策、把事情搞砸、金錢損失慘重、不得不改變所有計畫的同夥。沒錯，只要你在企業界待的時間夠長，所有這些你都會經歷。如同柏恩斯指出的，我的繼父是在告訴我，我和每個人一樣，有權去冒險而非一味追求成功。在某種程度上，我必須克服我那膨脹的自我形象，接受自己的弱點。

然後我了解到，我還是得領導，人們需要我出面。我的團隊、客戶，而我的名聲也促使我接受這艱難的改變，闡明未來的道路。我不得不把焦慮放在一邊，關注同事們在我離職的過渡期間對我的需求。我知道他們也很焦慮，因為我僱用了他們，如今我就要走人了，當離職日漸近，我還制定了一個中止關係但提供保證的通信計畫。

你猜怎麼著：沒有我，他們好得很！

焦慮的成功者或許比多數人更需要直視自我，並體認到：我們不必凡事完美或總是比別人好，我們有權失敗然後繼續往前走。「當你不再強出頭，生活就會有甜頭。」柏恩斯的同事泰勒．切斯尼（Taylor Chesney）說。放下（或者就我而言：忍痛捨棄）追求完美、不凡或優於別人的衝動，將迎來極大自由。

後來，當怒氣消了許多，我也較能看清楚整個情況了，我發現我的思考陷阱畢竟沒有告訴我全部真相。我仍然是當初得到這份工作的熟練專業人士，最糟糕的事**並沒有**發生。當然，我最初的計畫泡湯了，但我並非一無所有。我的子弟兵適應良好；沒有我，公司蓬勃發展中；我並沒有一貧如洗，我的家人和朋友也沒有少愛我一些；我學到了很多使我的領導力變得更好的可貴教訓；我甚至對我的前上司產生了敬意和欽佩。

駕馭這種感覺花了很長時間，但經歷這種破壞性變化的過程實際上平息了我的許多慣用的思考陷阱。透過承認自己並不比任何一個可能作出錯誤決策，並承受其後果的人更聰明或更優秀，我不只是一個更好的領導者，也是一個更好相處的人。

哪天我決定辦自己的失敗派對時，一定頭一個通知你。

7 無益的反應和壞習慣

阿富汗戰爭退伍軍人傑森．坎德（Jason Kander）成為民主黨的明日之星，他在二十多歲時擔任密蘇里州的州參議員，三十一歲時擔任州務卿，後來他競逐美國參議院席位，投入堪薩斯市長競選，而且毫不諱言有朝一日問鼎白宮的雄心。由於他的群眾魅力、人脈和媒體吸引力，政治人物不斷邀他主持募款活動並熱心引介，他答應了每一個請求，飛往全國各地發表主題演說和籌募資金，儘管私底下他正承受著惡夢的折磨、極大的罪疚和羞愧，以及恐慌性焦慮。

直到開始產生自殺念頭，坎德才尋求幫助，並透過當地退伍軍人事務部進行每週一次的治療。

坎德這才發現自己一直患有未經診斷、治療的創傷後壓力症候群（PTSD），而且藉由努力成為別人的英雄、積極伸出援手、無情地鞭策自己來作出回應。如今他了解到，他的雄心壯志有一部分是來自，他企圖透過我們最被社會接受和獎賞的不健康應對機制（過勞和取悅他人）來自我慰藉。

許多焦慮領導者會依賴不健康的反應，這些反應可能在短期內起安慰作用，但最終會變成讓他們壓力更大、耗盡精力並削弱領導力的習慣。問題是，一旦短暫的安心感消失，令他們焦慮的東西仍然存在，而且往往在他們想要避免焦慮的時候變得更糟。

諷刺的是，無益的反應可以幫助人在事業上取得進步，例如過勞往往會受到讚許，而坎德的驅動力給了他充滿許多人夢寐以求的盛譽的人生，和扶搖直上的公職事業。

但在某種程度上，我們的壞習慣會造成太高的代價。工作可能會讓許多人上癮，那是一種逃避我們不想處理的問題，以及我們不想面對的人或內在惡魔的方式。如果你想真正長久控制你的焦慮，就需要了解讓你過度努力工作的驅動力來源，並檢視得到的讚美是否真的值得你付出代價。

人為何要養成習慣？

我們的大腦不斷在尋找完成任務的最有效方法，而且幾乎把所有例行過程或任務轉化為習慣，因為習慣可以節省時間和代謝能量，習慣讓大腦可以自動運作，減輕我們逐步思考日常任務的負擔。習慣是我們為了讓焦慮有事可做而採取的行為，如果我們忙著喝馬提尼酒而不需要為逼近的工作期限傷腦筋，我們的大腦就會認為它贏了。

研究顯示，和所有動物一樣，當我們處於壓力之下，我們更有可能回到一些根深柢固的模式或應對行為。當工作中斷，使你脫離安穩的常規，你可能會感覺到極大的焦慮和失控。一位在 Covid-19 疫情期間暫時在家工作的高管告訴我，他模擬之前的通勤習慣，每天早上開車到星巴克，試圖讓情況感覺正常些，儘管多年來他一直很討厭通勤。這個習慣很令他沮喪而且浪費時間，但他還是繼續，因為那是一種根深柢固的模式，並在短期內緩解了他的焦慮。當你被觸發時渴望轉向熟悉的模式，無論是好是壞，那麼就要留意了，因為你的員工無疑也會有同樣的感覺。

但是，什麼能提醒我們某個習慣不再有用，即使它依舊帶來獎賞？當我們經歷某種超過了獎賞的負面後果的時候。例如，逃避工作會導致錯失最後期限和糟糕的績效考核；或者，也許你運動過了頭以致產生疲勞性骨折。也許你了解到，每次得到一個新的交付事項總是不自覺地擔憂，是一種無助於你創造出色工作的習慣。

無論是什麼讓你走到這一步，你已意識到你想作出改變，這正是本章要探索的重點：有哪些不健康的反應會演變成危及我們的領導力，並隨著時間加劇焦慮的習慣。

常見的無益反應

我們來看看一些職場最常見的應對焦慮的負面反應。其中有些發生在我們內在：只有自己覺察得到這種內心的糾結；有些則在我們和他人的互動中發揮作用。

微管理

微管理和緊盯著員工是常見的焦慮反應（還記得第四章的功能過度吧？）如今許多人採取遠距工作，無法召喚、控制或聚集團隊成員聽取回饋，你可能會更常出現在員工的收件匣和 Slack 頻道中。有時我們會覺察到自己在進行微管理，有時我們會習慣性地表現出焦慮。

英國城市心理健康聯盟（UK's City Mental Health Alliance）負責人、英國心理健康急救組織（Mental Health First Aid England）執行長兼創始人波比．賈曼（Poppy Jaman）表示，當她發現自己在進行微管理，就表示她的週期性抑鬱症發作了。她說，留意這件事非常重要，不僅因為那是一種提醒她照顧自己的心理健康的信號，也因為她不希望她的員工感覺到壓力。

賈曼是一位訓練有素的職場心理健康大使，她非常清楚自己的焦慮和抑鬱徵候。但我們其他人呢？我們如何分辨自己何時過度介入，而且我們的頻繁查看實際上阻礙了工作進展？

以下是其他一些你正在進行微管理的跡象：你堅持大小事都要發副本給你；你告訴團隊成員一切都得由你經手；你給自己分配一些不需要你提供意見的專案；你拒絕把工作委派出去；你花很多時間糾正員工的工作、或者你堅信你的方式是最好的做事方式。還有更多，但它們的共同點是一種掌控一切的潛在需求。當然，這是源自焦慮。

馴服微管理傾向的最好方法是解決你的焦慮，就像賈曼的方法是在抑鬱症站穩腳步之前照顧好自己。但是，你也可以使用一些領導技巧來減少微管理，讓你的員工成長茁壯，其中一種是使用久經驗證的「帕雷托法則」（80/20 rule）[32]。

32 編註：pareto principle，又稱「80／20法則」、「關鍵少數法則」、「八二法則／二八法則」、「巴萊多定律」，意指約僅有20％的因素影響80％的結果，也就是說：所有變因中最重要的僅有20％，雖然剩餘的80％占了多數，影響的幅度卻遠低於「關鍵的少數」。

就這情況來說，意思是讓你的員工在80％時間內以自己的方式去完成任務；剩下的20％，**引導**你的員工——即使如此，要記住你的角色是激勵，而不是頻頻查看或自己跳下去做。另一種技巧是專注於開頭和結尾，而不是中間。意思是你要發布明確的目標、期待和截止時間，然後在整個工作過程中，讓員工可以隨時向你尋求指導——除此之外，要抗拒查看的誘惑。最後，當員工達到目標，你可以評估成果。

拖延症

心理學者、「身心靈」（Think Act Be）Podcast主持人塞思．吉利漢（Seth Gillihan）表示，有兩種形式的自我對話常會導致拖延：（1）「這事一定很煩人」，以及（2）「我可能做得不好」。有了其中一種（或兩種）敘述在腦中反覆播放，我們會延遲一項會讓我們不愉快或擔心自己做不好的任務，那又有什麼值得奇怪？對焦慮的成功者來說，這是觸發焦慮的主要領域，而拖延這種反應是可以理解的。

拖延的壞習慣是心理學家所說的**負向增強**（negative reinforcement）的絕佳例子：負向是因為，我們能得到**沒有**某種不愉快經歷的獎賞；而增強是因為，它讓行為在未來更有可能發生。**不**打那通我們很害怕的電話，或者**不**填寫那堆績效考核表，在當下感覺很好：這就是獎賞。

但顯然，拖延會帶來嚴重後果，它最麻煩的難題之一是：雖然它在（非常）短期內有益，但拖延總是會導致更大的焦慮。誰沒體驗過推遲該做的事情時不斷高漲的憂慮和壓力？光是完成任務便可以消除迴避它的一切焦慮不安，而不拖延更是一開始就排除了害怕和擔憂（更不用說在最後關頭，為了取得最後成果而急就章或熬夜所伴隨的壓力、失眠和焦慮）。

然而，拖延太普遍了，有許許多多有效的技巧可以預防、打破這種壞習慣，最有用的方法之一是將任務分成容易處理的小部分，然後在每次完成一小件交付事項時獎賞一下自己。（只要確保你的獎賞是健康的！）我每天一早都把一整個工作日以半小時為單元加以規劃，當我能看到眼前的工作以小塊狀排列開來，由於不確定感帶來的焦慮消除了，因為這給了我當天的清晰路線圖，而且創造了許多讓我可以享有達標獎賞的小件交付事項。別低估了取得進展且完成另一件工作的美妙感覺，如果你是一個熱愛從待辦事項清單上劃掉一個個項目或在達成目標時獎賞自己（完全正當的外在激勵形式）的人，這方法效果奇佳。

迴避

迴避行為是指我們為了避開壓力狀況或棘手想法和感覺而採取的任何行動，迴避是一種適應不良的應對機制，典型例子包括忘了繳帳單、取消電話或會議、拒絕公開發言或進行報告。我們知道有些人不惜拒絕升遷，甚至換工作或辭職，只求避開壓力狀況。第六章提過的作家艾胥莉．C．福特說，恐懼支配她的生活多年，因為焦慮所產生的拖延、自我破壞和負面自我對話阻止了她追求夢想，但透過治療、人際支持和追求改善，她學會了控制焦慮，不再逃避。她說，她的自我對話從「我很焦慮，所以我辦不到」變成了「妳很焦慮，妳**覺得**妳辦不到。但試試看吧，請試試看。」她說，這種轉變為她創造了驚奇。

迴避行為的一個有趣部分是安全行為的實踐，安全行為（我稱之為 safeties 保險措施）是你所做的任何你**以為**能讓你免於焦慮或陷入恐慌的事。有些保險措施能使我們在焦慮中繼續前進（例如，如果你害怕搭機，就隨時在皮夾裡放一顆 Xanax 鎮靜劑），有些則會讓我們沒有機會去了解，可怕情況並不像我們以為的會危及我們的安全和生存。例如，如果有人害怕被狗咬而完全避開狗，他就永遠沒有機會知道多數狗狗都很友善，也無從了解友善和不友善的狗之間的差異。

花點時間想想，你什麼時候會使用安全行為，例如對於有社交焦慮的人來說，一種常見的安全行為是聚會遲到和早退，我絕對幹過這種事！這種行為會不會導致我錯過許多寶貴機會？有時的確會，我會挑戰自己準時到達並且撐到最後，就為了體驗一下那感覺。

想想你的保險措施是否有助於你因應挑戰，或者不妨試著戒除。許多焦慮治療模式會讓人們將自己的焦慮情況從最輕微到最嚴重進行分級，然後在治療師的協助下，逐漸讓自己暴露在各種情境中，同時捨棄安全行為。久而久之，你會了解到你以為不安全的情況並不如你擔心的那麼危險，而且你可以在沒有安全行為的情況下順利面對它們。

衝動決策

焦慮時，有些領導者會苦於無法作出決策並加以推遲，有些人則恰恰相反，會倉促作出決策。能夠讓案子有所進展、減輕工作量或者把工作委派出去，可以讓人輕鬆不少。可是當然，衝動行為的定義是立即執行，沒有深謀遠慮，很少或根本不考慮後果。

可以想見職場的衝動決策會造成什麼傷害，尤其如果經常發生的話，而且發生的指揮層級越高，影響就越廣泛。然而我想澄清的是，我指的不是**果斷**決策，因為當機立斷或在紛擾中提示策略方向的能力是一項極可貴的領導才能。這裡我專指的是，引發焦慮並導致負面後果的衝動決策。

例如，對金錢的焦慮往往會引發衝動決策。當我們被觸發，焦慮的大腦想要解決問題。但我們知道，焦慮可能是不可靠的敘事者。我永遠忘不了理財專家芭菲·普賽爾（Buffie Purselle）在我的 Podcast 節目中轉述她的兩位客戶的故事。這兩人收到稅務機關的一封通知他們欠繳五萬美元的信。普賽爾解釋說：「他們慌了，沒打電話給我，也沒發 email 給我，而是提領了他們的 ４０１（k）[33] 退休帳戶裡的錢來償還這筆債務。這完全是反動性的衝動，『我根本不想處理這問題；我希望這件可怕的事消失；我不想提出計畫……我只要它消失。』」

當普賽爾再次見到這對夫妻，他們給她看了那封信，結果發現他們沒有欠稅務機關一毛錢，這封信只是一份詢問他們是否欠錢的評估。我可以想像自己在做類似的事情時，因為金融壞消息或稅務信件常令我焦慮不已，我幾乎會做任何事來讓焦慮消失（即使只是暫時）。

衝動可以和焦慮的成功者作計畫、作準備時的需求共存，也可以和憂慮、反芻思考共存。在當下，焦慮會削弱我們作出明智決定的能力，因為它會打斷注意力，專注和工作記憶等執行功能；它會導致我們專注於錯誤的事物，扭曲事實或急於下結論。理想情況下，我們可以推遲關鍵決策，直到我們的心情改善，但我們都知道這不容易做到。

也因此，審慎地讓自己作出正確決策是很重要的，尤其在焦慮的時候。首先要承認，你的情緒會讓你成為不可靠的敘事者，你可能會容易產生消極想法，例如你正在準備一場演說，但是你的上一次演說讓你覺得很失敗，甚至你可能因為中學的一次朗誦引起訕笑而長期堅信自己是拙劣的公開演說者。先問自己，我夠不夠客觀？如果你不確定，調查一下你的記憶是否正確，也許可以詢問同事的意見。

每個領導者終究都得發展一支「說真話」夥伴團隊，一群你可以諮詢、能提供你坦率直白意見的人。在焦慮中作出的單方面衝動決策幾乎肯定會產生負面後果，但如果你身邊有一個可信賴的團隊，你可以和他們商量，且依然可以作出迅速、思慮周到而明智的決策，你也可以為別人擔任軍師。焦慮的一個頗奇特的面向是，儘管你在自身經歷方面是不可靠的敘事者，你仍然可以為別人提供清晰、

33 編註：401（k）計畫是美國一種由雇員、雇主共同繳費建立起來的基金式退休養老制度。

深刻的見解。

萬一金融壞消息誘使你衝動行事，普賽爾建議練習「財務正念」（financial mindfulness），這通常可以歸結為出奇簡單的一件事：等待行動。當你被金錢焦慮觸發，承認你的焦慮，試著找出壓力源，然後告訴自己：「沒關係，我不會現在就反應。無論我犯過什麼錯，我都會原諒自己，因為我是人。沒問題。」靜坐不動，接受「這是我必須面對的，沒關係，我會想出辦法的。」沉住氣，給自己一、兩天時間。被觸發卻什麼都不做真的很難，但你必須給自己時間和空間去確認，退一步，聽取明智的建議。

花自己沒有的錢

在我二十多到三十多歲時，我養成了把錢花在我想要但不需要的東西上的壞習慣。買東西總會讓我在當下感覺舒坦些，但我的債務穩步上升，而我的焦慮也跟著升高。加上長久以來我對破產的恐懼，我的反應是完全逃避理財。

直到我在為我的第一本書進行調查時採訪了財務治療師阿曼達·克雷曼，我才了解到我必須拋棄原有的金錢態度，採取新的態度。我開始檢視我對金錢的態度和消費習慣的源頭，毫不意外，根源來自我的童年。和許多人一樣，我從小家庭破裂，雙親常用錢作為對付彼此的武器。夾在中間的我也學會了拿錢當武器——十幾歲時，我曾經透支我父親的信用卡，老實說，只為了報復。後來，當我擁有自己的信用卡，我複製了同樣的消費模式，來緩解情緒創傷。

但是，當我了解到，這個壞習慣和我長久以來對破產的擔憂其實是源於舊創傷，而不是我目前的財務狀況，我終於能夠積極主動地管理我的小企業以追求成長——多年來我一直迴避它，擔心公司債務，同時在個人生活中累積信用卡帳單。我打破了一種破壞性模式，用積極理財的健康模式取而代之。

物質使用

物質使用是面對焦慮的另一種常見反應，它或許是最具破壞性的反應之一，尤其是當它升級為濫用、成癮時。經專業認證的成癮精神病學者澤夫．許曼－奧利弗（Zev Schuman-Olivier）為我說明了物質使用、成癮和焦慮之間的關聯。

理解成癮的一個方式是，把它看成當感覺事情失去控制時不顧一切尋求掌控感。啟動因子（許曼－奧利弗在採訪中建議我用「啟動因子」（activator）取代「觸發因子」（trigger）這一用語）可以是任何讓你覺得失控的東西（經濟狀況、你的工作、你的社交生活、你的情緒、你的身體感覺或歷程、失落體驗、全球疫情、個人或事業挫折），而回應就是尋找可靠的東西來讓自己心情好些。許曼－奧利弗說：「沒有什麼比物質更能讓人心情好轉，至少在短期內是如此。」

他解釋了我們衝動尋求短暫撫慰的根本悲劇：「不幸的是，每當我們試圖在失控情況下取得控制，每當我們試圖在不確定感中尋求安穩，每當我們試圖在變幻無常中阻止事情發生變化，我們通常只會迎來更大的失敗：更多的不確定感，更多的變化，最終，更多的失控。」

許曼－奧利弗提出的成癮方法包括正念冥想、覺察技巧和豐富的自我同理。他解釋說，正念一方面要開始認識到不確定感很普遍，人對多變事物的無力掌控也很普遍。「一旦我們能**面對**這點，一旦我們能迎接不確定感並且改變它，或以不同方式和它相處，少了恐懼，多了接納和溫暖……它會變得不那麼可怕，我們也比較不會一遇上這類情況就開始恐慌。」他說。

破壞性溝通

這個項目範圍很廣，涵蓋工作中各種魯莽、不專業的行為，例如打斷別人、挾持會議、八卦和過度分享。雖然這些無疑不能一概歸因於焦慮，但很多這種辦公室不良行為背後的禍首是焦慮觸發因子。

領導力專家史蒂夫．卡斯（Steve Cuss）說，領導力焦慮通常呈現為打斷別人、試圖取得最後決定權。他甚至特別引用「（男向女）說教」（mansplaining，一種具有現代名稱的古老現象）作為一種焦慮反應。「你覺得你有必要告訴別人該怎麼做，而且你真的覺得你在幫別人，」他說。「可是（說教）實際上只是……平息你自己的渴望，因為那個剛被你打斷、擾亂說話，還聽你解釋半天……的女人實際上並不需要你這麼做，在場的（其他）人也不需要。」

根據卡斯的說法，說教來自需要有個答案，而**這**是根植於許多焦慮的成功者熟悉、不限於性別的經歷：輾壓全場的欲望。

需要調查一下才能知道哪一種特定的焦慮觸發了你的反應。打斷別人是否平息了一種被認可的渴望，一種擔心自己沒被看到或聽到的恐懼？挾持會議是為了掌控讓你感覺失控的情勢？在辦公室說八卦是害怕遭到排斥？過度分享是因為你在不安時習慣衝動發言，或者急於融入？與往常一樣，正念和真誠的自我覺察，會有助於揭露這些常見的無效益職場行為形式背後的原因。

過勞

這項非常棘手，因為儘管有大量證據顯示過勞有害我們的健康和薪資底線，我們的文化卻高度看重、獎賞它。當我在公司工作時，那些熱中加班的員工會因為他們的「全心奉獻」和「無私無我」的習慣而受到珍視。最近則又加上必須隨時登入 Slack 平臺的壓力，即使有人並未積極投入工作，他也必須**裝作**正在工作而且隨時待命。

但我認為焦慮的成功者和過勞之間有一種特殊關係，承認吧，這正是我們的困境。在成就過人和過勞的文氏圖[34]中，兩者幾乎完全重疊。

許多成功的領導者對壓力的反應是更拚命工作，以異常高的標準要求自己和他人，或者試圖掌控他們無法控制的事。對他們來說，不對每個方案細節緊張和斤斤計較、不對所有一切負責或者不事事全力以赴，是難以想像的事。「這些人對焦慮的反應是努力變得更完美，更有控制力，」臨床心理學家愛麗絲·博耶斯告訴我。「他們不光有 B 計畫，還有 C、D 和 E 計畫。」在美國，我們把過勞看成一種「良好工作倫理」，但它和完美主義往往是焦慮表徵，只會給自己或別人帶來更多焦慮。

過勞甚至會讓人上癮，就像傑森·坎德。焦慮的成功者常把他們的焦慮和抑鬱情緒投入到過度工作中，而且可能找不到更能被社會接受的形式來迴避自己的情緒；過勞不僅能緩解焦慮，還能讓我們獲得正向回饋、升遷、加薪和新職位等形式的回報。

但長期過勞可說後患無窮，從心臟病、肥胖和糖尿病的高發病率一直到失眠、抑鬱、酗酒甚至自殺，極盡諷刺的是，研究顯示過勞並不會帶來更高的生產力或更好的工作表現。過勞者往往病情更重、更不快樂、生產力更低，而且也更常缺勤，從長遠來看，他們實際上會讓公司付出更多成本。

擺脫破壞性習慣

那麼，在掌握了我們的觸發因子、回應方式和不健康反應，甚至對驅動我們焦慮的主題有了些許領悟之後，作為焦慮的成功者該怎麼做？我們如何才能擺脫破壞性習慣，用有助於我們成長茁壯的習慣取而代之？簡單地說，我們如何能變得更好？

一種讓忙碌領導者特別有感的方法是，把焦慮看成一種可替代的習慣。

賈德森・布魯爾（Judson Brewer）是一位神經科學研究者，也是成癮、習慣

34 編註：Venn diagram，一種在不太嚴格意義下，用來呈現不同事件／元素／類別之群組與集合關係的示意圖。

變化和正念科學方面的專家。人稱賈德博士（Dr. Jud）的他告訴我，如何利用我們固有的形成習慣的回饋循環（feedback loop）來擺脫不良習慣。

賈德博士解釋，習慣無論好壞，都是在三步驟中形成的：觸發因子、行為、獎賞。觸發因子通常是某種不愉快的想法或情緒，它促使我們進行某種行為，來獲得讓注意力從觸發因子轉移開來的獎賞。「當不愉快的事發生，我們的大腦會說，『噢，真討厭，趕快讓它走（開）吧。』」賈德博士告訴我。以不確定感為例，「當不確定感無處不在，我們會焦慮，同時設法滿足『**做**點什麼吧』的欲望。」他寫道。這裡的「什麼」可以是各式各樣的行為（暴飲暴食、瀏覽社群媒體、健身、喝酒、狂看Netflix影片、過勞），而回報是，我們從事這些行為時不確定感消失了，整個過程就像這樣：

- **觸發因子**：不確定感
- **行為**：吃餅乾
- **獎賞**：迴避／分散對不確定感的注意力

這時大腦已經將分散對不確定感的關注（獎賞）和進食（行為）連結起來，

你越是從事這種行為來獲得獎賞，就越會強化這種神經連結。

很重要的是，要注意驅動習慣形成的不是觸發因子，而是**獎賞**。「這就是為什麼它被稱為基於獎賞的學習，」賈德博士說：「如果某件事得到獎賞，我們就會一做再做；如果沒得到獎賞，我們就會停止去做。」

問題是獎賞的效果無法持續，要再次體驗它，你必須重複行為，結果是大腦陷入了賈德博士所說的會自我增強的焦慮習慣循環。當獎賞開始產生不利後果，而我們仍然繼續從事該行為，原本是適應不良習慣的東西就變成了一種癮頭。

很容易在焦慮引起的習慣性心理反應中看到這種交互作用，例如擔憂或反芻思考：「如果……會怎樣（what if）？」「要是……該多好（if only）？」的無止境循環，或者我們不斷重複的待辦事項清單。也許你會奇怪，擔憂或反芻思考如何帶來獎賞？答案可以追溯到我們想要迴避負面和不愉快體驗（被大腦理解為威脅）的根深柢固的欲望。就這情況來說，當我們感到焦慮而大腦說：「做點什麼吧！」由此產生的行為就是擔憂。擔憂會分散我們對原始焦慮觸發因子的注意力，感覺比什麼都不做好多了，這正是大腦想要的獎賞。擔憂和反芻思考讓我們覺得多少取得了對情況的掌控，或者正在解決問題和制定計畫。

實際上，賈德博士說，當我們處於擔憂狀態，我們的注意力會變窄，我們的創造力會減弱，大腦的規劃功能也會受到影響。如果我們碰巧在這種焦躁狀態下想出問題的對策，大腦會把其中的相關性誤認為因果關係。換句話說，它會假設是憂慮產生了對策，而實際上只是巧合。

為什麼我們會以對我們不利的習慣性方式表現焦慮？根據另一位習慣專家查爾斯．杜希格（Charles Duhigg）的說法：我們的大腦「討厭緊張」。焦慮使我們緊張，擔憂也是如此，因此我們的大腦會尋求**任何**方式來緩解緊張。在職場，我們往往藉由過勞、微管理或花費大量時間在提案或報告上追求完美來表達焦慮……這全都為了迴避焦慮帶來的緊張。

但要記住，傾聽焦慮試圖告訴你的東西是極有價值的，因為焦慮就是資訊。不過，如果連靠近焦慮的想法都會讓你焦慮，賈德博士有個消息可以讓你安心。我們都有一種與生俱來的能力（他稱之為超能力）可用來改掉壞習慣、克服焦慮，這種能力就是好奇心。

「好奇心對我們的好處是多方面的，它甚至能幫助我們發現自己是否落入了，例如完美主義，或憂慮的窠臼，」賈德博士說：「當下，我們可以問自己：怎麼做會感覺好些？擔憂，或者抱著好奇釐清這個習慣循環？」對多數人來說，抱持開放和好奇會比擔心受怕感覺更好。所以，我們會願意讓焦慮習慣循環繼續下去，還是在焦慮情緒出現時停下來，好奇地面對自己的體驗？

如果你感到焦慮，不妨發揮好奇心，弄清楚你的焦慮習慣循環：

- **觸發因子**：焦慮
- **行為**：擔憂
- **獎賞**：迴避／分散對焦慮的注意力

賈德博士說，下一步是問自己：你在這種行為中得到了什麼？別停留在智性的答案：深挖你的直接體驗，具體了解身體和心理在憂慮支配下的感覺。對多數人來說，擔憂是一種很不愉快的體驗。但這種習慣太根深柢固了，我們常誤認它是一種比焦慮更可取的狀態，要是不停下來好奇探究，我們甚至可能察覺不到自身體驗的真實性。

「的確，改變一個習慣的唯一方法就是清清楚楚了解它究竟能或不能帶來任何獎賞，」賈德博士說：「我們的大腦會思考，『噢，擔憂可以幫助我完成任務，再不然它也可以解決問題。』但是，如果我們仔細考慮並且問：『真是這樣？』——並不是。它不能幫我們解決問題，但我們可以肯定的是，憂慮會讓我們筋疲力盡，並會讓我們感覺更焦慮，因此擔憂會回過頭去觸發焦慮。」一如果能把好奇心應用到我們的憂慮中，賈德博士又說，它能幫助我們了解，我們是否真的從憂慮習慣中得到了獎賞，或者我們其實是在危害自己，消極強化了自己的焦慮。

賈德博士的方法極為不同而有用的地方在於，焦慮觸發因子實際上是「方程式中最不重要的部分」。因此，與其白費功夫試圖迴避或控制觸發因子，不如好好把力氣用在檢視焦慮習慣循環的獎賞部分。等到用正向習慣取代負面習慣的時機到來，要確保這個新的、健康的習慣伴隨著能帶來類似好處的獎賞。

例如，如果我想戒掉逃避困難工作任務的壞習慣，我可以把它排入習慣形成回饋循環，然後找出健康、有成效的對策：

不健康習慣

- **觸發因子**：這項任務太複雜了，我不可能完成的。
- **回應**：現在我還無法思考這問題。（迴避）
- **獎賞**：我沒感受到和這個急迫交付事項相關的壓力。

健康習慣

- **觸發因子**：這項任務太複雜了，我不可能完成的。
- **回應**：我會把這任務分解成幾個小項目，並完成其中**一項**。（行動）
- **獎賞**：我會讓自己使用按摩椅十分鐘。
- **重複**。

好好享受想方法獎賞自己的樂趣吧，而獎賞可以是任何你覺得有意義且滿意的東西——只要是正向的，而且能帶來類似於你的壞習慣所能提供的好處。別忘了，重複這個過程至關重要！如此才能建立一種新的健康習慣。要了解如何在工作中做到這點，請參閱「改掉壞習慣並在工作中取得進展」練習。

改掉壞習慣並在工作中取得進展

本練習主要取自賈德博士的找出並「解開」焦慮習慣循環的方法，但我們將更進一步，看看中斷焦慮習慣循環如何改善我們的工作表現。首先我會舉例說明，接著你可以找出你自己的焦慮習慣循環。

◎步驟1：找出一種會影響你工作表現的焦慮習慣循環。

觸發因子：你的上司要求看你團隊所執行方案的最新詳細進度報告。

行為：拖延工作。

獎賞：避免焦慮。

◎步驟2：抱著好奇檢視行為。

你拖延是有原因的——是什麼？問自己，拖延為我帶來什麼報償？我真想這麼做嗎？如果我繼續拖延，結果會如何？這給我的身體、我的心理帶來什麼感覺？

◎步驟3：建立一種中斷焦慮習慣循環並直接解決觸發因子的新行為。

當你好奇探究並了解到，你的拖延是上司要求最新報告時你所感受到的壓力的焦慮反應，你可以用一個小而有意義的行動來減少觸發因子產生的壓力，藉此更新你的習慣性反應。

觸發因子：你的上司要求看你團隊所執行方案的最新詳細進度報告。

新行為：寫下一句話。（小而有意義的行動）

新獎賞：減少焦慮**而且**在報告上取得進展。

如果你繼續用這種行為來回應觸發因子，將會建立一種新的、有成效的習慣，**而且**報告也會完成。現在輪到你了。

◎步驟1：找出影響你工作表現的焦慮習慣循環。

觸發因子：＿＿＿＿＿＿＿＿

行為：＿＿＿＿＿＿＿＿

獎賞：＿＿＿＿＿＿＿＿

◎步驟2：抱著好奇檢視這一行為。

問自己：我從這種行為中得到什麼獎賞？我真想這麼做嗎？如果我繼續從事這種行為，結果會如何？這給我的身體、我的心理帶來什麼感覺？

◎**步驟3：建立一種中斷焦慮習慣循環並直接解決觸發因子的新行為。**

那個能夠減少觸發因子產生的壓力，並幫助你完成工作的小而有意義的行動是什麼？

觸發因子：＿＿＿＿＿＿＿＿＿＿

新行為：＿＿＿＿＿＿＿＿（小而有意義的行動）

新獎賞：焦慮感減少，**而且**＿＿＿＿＿＿＿＿

正念是秘訣

你必須能冷靜而清晰地找出觸發因子，以及你想改變的不健康反應，而這正是正念發揮作用的時候。

正念是一種將注意力集中在當下的練習，無論情況如何，不帶評斷或解釋，它透過將平靜覺察帶入你的身體感覺、想法和情緒，讓自己錨定在眼前發生的事情上。我們常會發現，當我們讓自己安靜不動的那一刻，我們的腦子似乎充滿千百個雜念，這就是佛教修行者所說的「猴子腦」（monkey mind），它不斷從一個念頭跳到另一個念頭。尤其對焦慮的人來說，回憶往往涉及對昔日錯誤或遺憾的反覆思索，而前瞻式思維則包括為了事情可能出錯的方方面面焦躁不已。

正念向我們展示了一條穿越心理漩渦的路徑，它能讓我們在對壞習慣或安全行為作出反應之前停下來。你不需要停留在焦慮飆升、思緒紛亂、專注力渙散的狀態，且可喜的是，你不必每天冥想好幾小時，也不必學習複雜的冥想儀式就能達到效果。「正念並不難，」冥想專家雪倫．薩爾茲堡（Sharon Salzberg）有句名言，「只要記得去做就是了。」

正念可以透過平息「戰鬥、逃跑或僵直」反應來緩解焦慮的劇烈體驗，可是當你把它變成一種健康習慣並且每天練習，它將會改變你的生活。經常的正念練習已被證明可以減輕壓力、焦慮和抑鬱，提高調節情緒的能力，促進疾病康復的速度和整體健康的改善，提升專注力並延長持續專注度，改善睡眠，增強學術和工作表現，甚至降低工作中的倦怠率和離職率，正念是焦慮的成功者工具箱中不可或缺的利器。

以下是我最喜歡的入門正念練習之一，你不妨花點時間試著做看看。

1. 找個舒適安靜的地方坐下。將計時器設定為三分鐘或五分鐘，如果你興致不錯的話；然後安靜下來，閉上眼睛。

2. 做三次緩慢、平靜的深呼吸。我喜歡用鼻子吸氣，然後用嘟起的嘴唇呼氣，就像用吸管喝水的感覺。這會自然而然減緩你的呼吸，啟動副交感神經系統[35]，向大腦發送一切安好的信號。

3. 充分意識到身體的感覺。讓背部和臀部緊貼著椅子，雙腳平放地上，緩緩透過鼻孔呼吸，擴張胸部和腹部；如果有緊張或不適感，試著放鬆該部位。

4. 開始留意你的各種想法。以好奇、親切觀察者的態度進行此一步驟：**噢，有個關於X的念頭，有個關於Y的念頭。**不帶批判地看待你所有的想法——它們只是想法，讓它們掠過而不加以檢視。

5. 回到靜心狀態。當你發現自己開始陷入某個念頭中，輕輕將意識帶回你當下感受到的某個身體感覺。深吸一口氣，重新集中注意力，接著輕輕將意識重新導向你的各種想法。

6. 重複此一過程直到時間結束。懷著對自己的感激結束練習——你在忙碌的一天中抽空做了這件事！

7. 練習、練習、再練習。安排時間再次練習並完成它。

現在你已經掌握了基本方法，你可以嘗試以下兩種正念技巧：第一種能幫助你在任何焦慮情況下獲得並保持心理平衡，但許多人借助它來度過戒除壞習慣的艱難時刻；第二種能幫助你破除工作中用來應對焦慮的破壞性習慣，並用較正面的習慣取代它。

錨定練習

當面對真正艱難的焦慮時刻，需要快速緩解時，我會使用一種很棒的接地練習，也就是由羅斯・哈里斯（Russ Harris）發展出來的錨定（dropping anchor），這名稱來自在情緒風暴中下錨的意象。「風暴」是指你所承受的任何困難、無法抗拒的經歷；當你「錨定」時，就是承認你在情緒和身體上都難以招架，但你深深立足在當下的身體體驗中。錨是指當下可以幫助你保持情緒穩定狀態的任何東西，例如錨定在雙腳踏在地面上的感覺，能告訴你的神經系統「你的身體是安全

35 編註：負責身體休息時的「休息和消化」或「進食和繁殖」等活動，包括性喚起、流涎、流淚、排尿、消化和排便。

的」，並讓杏仁核（大腦的內建危險偵測器）安靜下來。錨定可以幫助你了解你的感受來自你的內在情緒，而非來自外在的實體威脅，施行起來可能就像這樣：

1. **首先承認你遇到了難關。**默默對自己說：「我現在真的、真的很不安，真是棘手啊。」用和善的態度看待自己，不帶評斷；你觀察到並真心承認此時此刻，你的處境很糟；你不需要評估自己**為何**走到這一步——只要承認，而且情況確實艱難。
2. **接著，讓自己在當下接地。**身體感覺特別有效，因此，讓雙腳貼著地面，背部緊靠椅子，將手指握在一起，手臂高高伸展，或扭動腳趾——你想做的任何動作。
3. **注意到當下有很多困難……**但這種情緒痛苦的周圍還有一個身體，一個你可以移動、控制的身體——一個安全的身體；現在，環顧房間並辨識出五種景物；安靜下來，辨識出五種聲音；注意你正在做的五件事（例如呼吸、留意、聆聽、坐著和在鞋子裡扭動腳趾）。
4. **注意到除了景物、聲音和動作之外，此時還有痛苦的感覺。**接著，再次回頭去注意你的身體感覺。

5.重複本過程。承認痛苦的感覺，然後留意身體的感覺，直到你感到踏實，不再受到情緒風暴的嚴重侵襲，更能投入當下。

錨定的目的不是分散你對痛苦感受的注意力，而是幫助你活在當下，拿回掌控感。這項練習不會讓風暴消失，但會讓你穩定下來，直到風暴過去。只要勤加練習，你會發現，你可以不受任何情緒風暴的擺布，並可以在困難關頭保持韌性。

習慣堆疊

本練習由習慣專家福格博士（B. J. Fogg）研發，被習慣研究員詹姆斯．克利爾（James Clear）稱為「習慣堆疊」（habit stacking），是建立新的正向習慣的最有效方法之一。它的運作方式是將想建立的習慣和既有的習慣配對，基本公式很簡單：

在「既有習慣」之後（或之前），我會「新習慣」。

範例：

- 晚上刷牙之後，我會將手機靜音。
- 在回覆神秘郵件之前，我會先做六十秒腹式呼吸。

一旦掌握基本技巧的竅門，你就可以根據需要使用「when」語法，結合較複雜的行為形式，或者建立你認為更有挑戰性的新習慣：

- 早上喝完咖啡之後，我會花十分鐘寫下我的每日待辦事項清單。
- 每次團隊會議之前，我都會花兩分鐘冥想。
- 當我有股衝動想大吃大喝，我會喝一杯水。
- 當我自覺有股衝動想打斷別人說話，我會把雙手放在腿上，默數三十下。

當你的提示非常具體並且可以立即作出反應，習慣堆疊效果最好。因此，與其試圖養成模糊的新習慣，例如「少分心」或「多體現正念」，不如想出一個具體的提示和一個你可以立即採取的行動：「當全體員工會議開始，我將停用來電通知。」「每天工作結束關機後，我會整理我的辦公桌。」

擺脫困境

誠實看待自己對焦慮的無益反應是件難事。這很可怕，因為它要求我們承認一些可能對自己不滿意、寧可忽略的事物。如果我們想變得更好，還得面對自己的各種焦慮觸發因子和無效的應對機制，學會放開自己依賴的壞習慣，並用健康的回應方式取而代之。這可能會讓我們覺得脆弱無助，甚至危險，因為要放棄自己依賴的東西實在很難。

但是，焦慮的成功者們，請要具有信心。捨棄壞習慣能為健康習慣騰出空間，而這些健康習慣能驅使你往前走，推動你朝著你的價值觀和目標前進，而不是原地踏步。我們可以學會管理自己焦慮反應的事實可說是一大解脫，甚至令人興奮。它讓我們能拿回一部分當習慣支配我們、並且變得難以收拾時失去的控制權；它讓我們能拿回力量；它使我們充分了解到自己是獨特的領導者，可以帶著極大喜悅作出最佳表現。

8 完美主義

二〇一八年，我在社區公共圖書館展開新書發表座談時恐慌發作。我站在臺上，喘不過氣來，我感覺噁心得快暈倒了。觀眾中有人看出我顯然無法說話，他大喊：「快打電話叫救護車！」不過，我知道那只是恐慌發作，我沒有身體不適。我的求好心切讓我動彈不得，把可憐的觀眾嚇壞了。

當我有機會打開一下行李箱，我了解到在家鄉發表演說的壓力太大了。這些人說不定是我認識的，他們犧牲一整晚的時間去看我，而我鐵定會讓他們失望。這是我為新書做的第一場單人演講，我覺得我準備的素材不夠好。

稍後，當我開始探索為何我覺得有必要提供一次全然特殊的體驗（畢竟那是週一晚在小鎮公共圖書館舉行的免費活動，而不是什麼超級盃中場秀），我想起過去的許多事件。我在高四那年競選學生會長的拙劣表現；研究生課程上，教授當著三百個學生嚴厲批評我；另一個研究生課程，我在兩百面人面前說了些輕率的話；還有一次在同事面前被冷酷的上司奚落，嘲諷我是「半吊子」，然後在升遷時被忽略。

但我主要是想起我的童年。成長在一九八〇年代，我和姊姊被帶去參加許多成人晚宴，而且我們從小被教導要娛樂大人們，同時要順從他們。我八歲時便能在餐桌上眉飛色舞談論書和時事，也會幫忙洗碗。大人們會說：「她真厲害。」而我確實厲害。我很特別，直到我變成一個彆扭的青少年：雙親的混亂離婚意味著不再有晚宴，有的只是六呎二吋的高大身材帶來的大量羞恥感；我那虛榮自戀的父親直言，不想再讓我和他在晚宴上坐在一起。我感覺我在雙親眼中似乎沒什麼價值，但我還是努力嘗試。

許多焦慮的成功者利用完美主義作為工具，來逃避羞恥感和批判的不安感，他們把自己逼到過勞的地步，努力想達到不可企及的完美標準。如果你也是如此，請問問自己：會不會你對工作的投入其實和你的才幹關係不大，而跟恐懼比較相關？

完美主義者永遠不會滿意。他們可能會因為擔心最後成品有缺陷而拚命工作；他們可能會乾脆迴避一項任務，因為風險似乎太高了；他們可能會在完成任務後回顧，無法在自己的表現中找到任何正面的東西。追求完美主義的人會在生活的一個或多個領域中，追求自己強加的高標準，但重點來了：他們的自我價值感取決於他們實現這些高標準的能力。

完美主義很複雜，因為自認是完美主義者是非常誘人的，而在主流文化故事中，似乎有它才能成大事。講求完美主義的佼佼者，往往因為「無懈可擊」的表現和「卓越」產品而受到讚揚，或者我們會驚嘆於他們追求盡善盡美的決心。說真的，誰不想擁有這些？因此，我們會熱烈談論那些對細節表現出異常關注，或者堅持追求完美而把自己逼到了身心俱疲地步的創作者。如同焦慮的許多花招，採取完美主義很容易被社會認可，可以為你贏得讚譽和升遷。但完美主義並非追求卓越，而是焦慮，非常重要的是要了解：不斷追求優越表現會讓你付出什麼代價？

我們別自欺欺人了：這總要付出代價的。一項檢視了來自五萬七千多人數據的統合分析顯示，高水平完美主義和抑鬱、焦慮、飲食失調、自殘和強迫症有關。在那次公共圖書館的慘敗過後幾週，我應邀參加著名的「Google 講壇」（Talks at Google）演說人系列活動[36]，但仍感覺心痛且充滿懷疑的我，堅持由一位 Google 員工對我進行採訪。我無法發表主題演講長達四年，甚至連試都不敢試，我就是無法想像光憑著我和講臺（或螢幕）能夠給任何觀眾值回票價的東西。逃避大王！不願發表演說讓我失去了演講費和珍貴的人際拓展機會，直到我想出了克服焦慮的方法。

即使如此，當我承諾演講，我的完美主義也讓準備工作和事後回顧變得無比痛苦。演講準備占據了我的生活，我沉迷於要把它做得完美無缺。演講結束後，我會擔心我浪費了大家的時間，他們會後悔邀請我。我寧可藉藉無名，也不願推出不完美的成品，這適用於烹飪感恩節晚餐，也適用於寫作，因此創作之旅總是充滿緊張痛苦。有時連機會也沒了，我失去分享、與人接觸和賺錢的機會，因為我擔心無法提供完美的體驗。

顯然，揭露完美主義的謬論至關重要。研究這議題的專家，本身是恢復中的完美主義者的湯瑪斯・葛林斯班（Thomas Greenspon）告訴我，雖然大多數完美主義者都很認真勤奮、有才華，但「如果完美主義能被徹底消除，這些個人品質絲毫不會改變，而一個巨大負擔將被解除。」換句話說，如果你的完美主義不知何故消失了，你仍然會是一個兢兢業業、有才華的成功者，**但沒了隨之而來的焦慮。**「完美主義就像飛機機翼，有前緣和後緣，」葛林斯班說：「前緣是把事情做好的一切欲望、堅持不懈、認真努力，以及立志取得巨大成功的人的其他特徵；後緣是強烈的焦慮以及害怕失敗引起的所有行為。當你放下追求完美的焦慮，你

36 編註：由Google贊助邀請各演講人所帶來的一系列演講，分類包括Google作家（Authors@Google）、Google候選（Candidates@Google）、Google女性（Women@Google）、Google音樂家（Musicians@Google）等等，關於技術的演講則被稱作「Google Tech Talks」。

的才能或成功並不會減少，你只會失去焦慮的後續效應。」

停下來，想像一下這種可能性。你能不能設想一種你依然和目前一樣有著高水準表現，卻沒有了和完美主義亦步亦趨的所有焦慮、壓力和苦惱的生活？還有取得更多成就，擁有更快活、圓滿人生的可能性？放下自我的堅持與那些幾乎無法企及的標準，所有的焦慮和負面結果或將隨之消失，接著你可能會開始迸發創造力，並以一種嶄新的方式釋放你的動力和快樂。

完美主義的根源

「完美主義是某種東西的徵候，」葛林斯班告訴我，「但不是疾病。」完美主義的核心和焦慮不安有關：你害怕失敗，或擔心一旦犯錯就表示你有毛病。「完美主義不單是推動自己盡力達成目標，它是內心陷入焦慮的反應。」

根據葛林斯班的說法，頂尖成功人士實際上不太可能是完美主義者，因為完美主義會讓你陷入懷疑和優柔寡斷，讓你很難完成任何任務。在某些情況下，完美主義會導致一種極度退縮、低成就的灰心狀態；在其他情況下，無法達到不切實際的標準會驅使完美主義者過度工作和消耗精力，來獲得他們失去的自我價值感，或者緩解他們不被認可的潛在焦慮。表現不佳或表現優異的人，他們的完美主義焦慮和缺乏自尊的核心是相同的。

根據知名完美主義研究人員休伊特（Paul Hewitt）、弗雷特（Gordon Flett）和米凱爾（Samuel Mikail）的說法，「大多數完美主義者都把關注重點放在完善自我，或者改正、隱藏他們視為不完美面向的需求上。」我會用「欠缺」或「失敗」取代「不完美」。是什麼驅動了你的完美主義？是為了向別人證明自己的價值？是為了迴避羞恥感或批判？儘管你也許是想讓一個看似挑剔的上司留下好印象，但我們往往是在向我們的雙親（不管他們是否仍然存在我們生活中），或者向一個我們習慣於聆聽、甚過其他聲音的內在判官證明自己。

完美主義很脆弱，沒有彈性，它和成長或變得更好無關，而是關於拚命地堅持，或積極投入某件事來避開不好的感覺。它和防禦性悲觀（defensive pessimism）有許多共通處，防禦性悲觀是一種不行動而希望壞事消失的思維模式：**只要我擔心得夠多，就不會被解僱。完美主義是它的姊妹心態：只要我工作夠努力，壞事就不會發生。**我們夠努力工作來達到完美（無論「完美」對我們意味著什麼），以證明我們有價值、優秀、夠好或者大局在握。

當企業家兼新創公司共同創始人賽琳・諾爾・阿里（Sehreen Noor Ali）意識

到她的大女兒正逐漸成為和她一樣的完美主義者時，她面臨了必須徹底檢討的時刻。她的女兒把一杯水灑了，並且對預期中的周遭反應恐慌不已，這讓她心裡一驚。「她被我嚇壞了，」諾爾．阿里感嘆地說：「我發現她覺得有必要在所有人面前保持完美，就像我覺得有必要在所有人面前保持完美。」但在治療師的協助下，這個家一起進行了路線修正。「我們取得了極大進展，說實話，我感到非常自豪，」諾爾．阿里說：「我們將一種允許犯錯的文化帶入這個家，如今我那四歲的孩子會說：『人都會犯錯！人都會犯錯！』同時我也開始更徹底地接納許多事情，並大大減少了（負面的）自我對話，它對我沒有幫助，實際上只帶來了自我破壞。」

把對完美的需求深植在你心中的也許不是你的雙親，也許是某個教練、某個教師、某個指導者或上司。每當你體驗到完美主義思維，腦中可能會出現這個人物，灌輸你一些相同的訊息。

打破完美主義的習慣

就像許多焦慮行為，完美主義也會成為一種安逸的習慣，如果我們從小依賴它，那麼維繫為完美主義提供動力的自我對話感覺就像是一種迷信或不可或缺的儀式，正如諾爾·阿里說的，「我們的自我對話變得很像一個也許早該拋下的老友。」

焦慮是一種習慣，另一方面它也是個避難所，就像伴侶一樣。例如，如果你對搭機焦慮，久而久之你會相信是你的焦慮讓飛機安然飛在空中，因此你不會放棄它。對完美主義者而言，他們的自我對話是，「只要夠努力，你就不會失敗。」

如何讓這位老友走開？就從隔離和傾聽你的負面自我對話開始。我們向來被期望必須最優秀，特別的那個部分，會氣憤地指責可能不那麼優秀的那個部分。「你**竟敢**不完美？」自我告訴自我。「當我們評斷、攻擊自己，我們扮演了批判者和被批判者的角色。」自我同理專家克莉絲汀·娜芙說，並如此不斷循環下去。

然而，一旦你察覺到完美主義的自我實際上是在和你的真實自我交談，完美主義的驅動力就會黯然失色，你逐漸能將健康的追求卓越，以及對不切實際前景的無止境追求區分開來。

完美主義是經年累月養成的習慣，「我們會有許多情緒上的風險，而完美主義是對它們的一種防禦，」葛林斯班說：「克服完美主義是一種恢復的過程。」你的完美主義，你的老友，不會一夕之間消失，光靠健身也無法紓解它，因此我的目標是透過提出三種新的思考方式，來幫助你走上恢復之路。

找到動機

如同破除任何不健康的習慣，在著手處理完美主義之前給自己打打氣會很有幫助。我發現這個問題真的很有用：你因為害怕不夠完美而錯過了什麼？

在你進行更多負面自我對話之前（「要不是我這麼追求完美，我會比較友善，會有更多人喜歡我，我就不會變成孤單的失敗者了」），試著縮小選擇範圍。

例如，因為擔心自己在公開演說時丟臉，我遲遲沒申請參加TED演講。多年來，我一逮到機會就開TED的玩笑，甚至寫了一篇關於TED演講被高估的文章。事實上我非常渴望能在該講壇發表演說，因為我知道它能為演說人和作者建立威信，幫助他們的演說事業邁入新的階段。瞧，這就是我的動機！但我也了解到，如果我要做個完美主義者，就永遠沒機會更上層樓，於是我申請了七次不同的TED和TEDx演講，全部被他們回絕了。這很難受，但老實說，我並不覺得丟臉，這感覺像是一枚榮譽勳章，同時也成了我的一個笑哏。

然後有一天，我收到TED團隊的email，要我舉行一場演說。原來他們看了我遞交的東西而且很喜歡，儘管當時他們把它略過了。如果我沒有找到「拋下那個老友」（如同諾爾·阿里所說）的動機，我肯定會錯過在TED講壇占有一席之地的機會，而它確實為我開啟了許多門路。

那麼你的動機是什麼呢？你因為害怕不夠完美而錯過了什麼？找出這段經歷並給它一個名稱，它就是你的動機。

孤立你的內在判官

如果沒有陷入思考陷阱，你不會成為完美主義者。許多完美主義者都有一堆我們喜歡拿來嘲笑自己的共同的冷言冷語，我們的內在判官非常清楚該踩什麼痛點，以下是幾個我反覆聽到的完美主義自我對話的例子：

- **讀心**：如果我不付出110%的努力，我的上司還是會找到願意這樣做的人，然後我就會被解僱。
- **讀心**：我的雙親放棄很多東西，只求把我送進一流學校，為我的光明前途鋪路，我不能辜負他們。
- **貼標籤**：我文章中的錯別字不是無心之過，發生這種事是因為我很懶，沒有花足夠時間校對。
- **貼標籤**：我不能是庸才，這不是我。

- **迴避**：我絕不可能寫出好書，所以我壓根不會去嘗試。
- **貼標籤**：蘿拉很有人氣又完美，她比我更快得到升遷。如果我在LinkedIn有更多人追蹤，穿著好些，我也會成為經理。
- **杞人憂天**：我不配擁有現有的一切，如果我想保有它，最好更加努力。
- **「應該」表述**：如果今天中午我不去跑步，我會身材走樣……所以我應該要去，雖說我膝蓋很痛。

是什麼聲音在你腦中說出這些臺詞？是特定的人？是你自己？你能不能在下次這聲音又自動響起時稍微留意一下，同時替自己的行為辯護？

注意你經常一用再用的詞句——無論是關於你自己或他人。有些完美主義者是出了名的嚴厲監工，因為他們的內在判官說：「既然我必須完美，而你在我的監督之下，你最好也完美。」

你被內在判官控制時有什麼感覺？在它出現前有什麼情緒？例如，你可能會注意到，在你的內在判官要你熬夜準備演講之前，你通常會感到焦慮。是什麼讓你焦慮？什麼會有助於平息當下的焦慮？

另一個常見的完美主義思考陷阱是取悅別人，你可曾發現自己卯起來幫助一個其實並不需要幫助的人？也許你的內在判官說你有責任讓所有人滿意。下次它又要你和之前無數次那樣，在午餐會議後清理會議桌（而它根本就不是你的工作）。叫它閉嘴！

對我來說，尋找正確的視角始於注意力，接著是平息負面的自我對話。留意自己什麼時候變得挑剔，你有哪些固定的自我對話句子？什麼會觸發它們？

一旦你注意到你的自我批判的主題和共通性，也許就可以直接對付它們，一個簡單的起步是：用第三人稱大聲稱呼自己。這時正好可以練習自我同理，這是一項很棒的技能。

自我同理意味著有意識地善待自己，而不再相信自我批判，有時我稱之為「甜心法」（sweetheart method）。我的前治療師威瑪（Wilma）告訴我，和內在判官說話時稱呼自己「甜心」會很有幫助，因此我有時會大聲對自己說：「好啦，甜心，妳決定不寫那篇部落格貼文不是因為懶，妳是基於戰略考量。妳的時間很寶貴，妳正忙著有償工作，不需要浪費時間做白工。」說真的，很有用。

如果目前善待自己還太難，我能了解。還有另一種方法可以平息你的負面自我對話，我相信你會喜歡，因為這需要一點自我批判。

我說這話是善意的：被困在自己腦袋裡，不斷反覆思索、關注自己的缺點，是非常自我為中心的。這種平息負面自我對話的方式直接證明了本身的自戀，這同樣得感謝威瑪。有一天，當我為了搞砸某件事而弄得焦慮疲憊不堪，威瑪說：「妳為什麼任何事都非要比別人出色不可？是誰要妳這樣的？」我看著她說：「我從三歲起就一直很出色。」威瑪回答，「是嗎，誰說的？」

的確，誰說的？我從哪得來的信念，認為自己非要**方方面面**都比別人優秀、出色不可？焦慮專家愛麗絲．博耶斯指出，這種自戀是自我保護的，她如此解釋：「你最終會相信，我在生活中成功的唯一途徑，或者我被接納、被愛的唯一方式……就是表現優異，加倍努力。」但這是完美主義的另一個思考陷阱，事實是，「沒有事事比別人強不會威脅到你，從生活中獲得你想要的一切也不會威脅到你。」況且，她又說：

事事第一的人生一點都不有趣……不僅因為人不可能永遠是眾人焦點，而且這也不可取，在許多別的事情上你會希望身邊有一群比自己優秀的人。你不會想要事事求好，因為你會想要在那些對你真正重要、有意義的事情上求好。

有時，當我因為逐漸逼近的失敗而擔憂，我會告訴自己：「妳哪裡特別了？

為什麼妳不能偶爾有二流或三流的工作表現？」或甚至，「為什麼妳不能像別人一樣表現差勁？或者度過不順的一天？」提醒自己「我不比別人特別」並不是自我貶抑，也不是讓自己僥倖脫身、無須盡力而為的方式。這是一種自我同理的行為，以及一種溫和但有效地揭露、解決推動完美主義的潛在自戀傾向的方法。

不「特別」還有另一個好處，一個容易被忽略的好處：平凡意味著你並不孤單。正如博耶斯所說，我們不可能永遠受人矚目——誰願意這樣？那可能是一種孤獨而累人的處境。事實是我們都有自己的優勢和難處，我們都對某些事情非常擅長，在其他一些事情上尋求改進；訣竅是用同情心看待自己的極限，帶著風度分享自己的專精。

找出外在視角

至於那些不切實際的標準，到底是誰的？也許是你的雙親，或來自童年、青年時期的某個有影響力的人物長年灌輸的東西，然後被你的自我吸收了。當我真正和媽媽坐下來，問她在我小時候對我期望很高的事，她很吃驚。她相信我生來就是如此，而到底誰是對的其實無關緊要。

如果有個和你夠親近的人知道你的完美主義傾向，問問他們對你的標準有何看法。問他們，如果你真的搞砸了什麼，他們會有什麼感受？葛林斯班稱之為「親密行為」（act of intimacy）。也許你會發現，他們根本不認為這有什麼大不了，他們也從不期待你每天工作到晚上十點。當你從自己信任的人那裡獲得外在視角，並平息你的內在判官，你就可以重新認識到一種對他人感知和期待的更真實的看法，並發展新的、較友善的自我理解。

你也可以借助外在視角來解決一些因為完美主義而引起或加深的特定問題。當我進一步了解焦慮如何阻礙我的演說事業，並找到改善我的公開演講表現的動機，我聘了一位顧問來協助我。因為我知道自己的完美主義傾向會模糊我的判斷，讓我永遠無法真正完成一場演講，因此我基本上將這項任務，外包給一位能提供較客觀外在視角的可信賴的人。如果這些人認為演講很好，他們肯定是對的！終於，我能讓自己成為主講人，因為我再也不能讓我那不切實際的標準阻擋我。

最後，如果你無法找到可靠的顧問，試著把你的自我對話外部化，這是一種強大的技巧，而且只需幾秒鐘。當你發現自己陷入負面自我對話，只要稍微轉換一下，就好像你在對另一個人說話，當那人是你的親人或你高度敬重的人時，效果最好。你能不能想像對你的孩子、伴侶或導師說出你對自己說的那些話？當然不能，而這個練習會很快揭示我們的負面自我對話是多麼有害。

當你是完美主義者，從別人的角度獲得深刻觀察是很有幫助的，這可能會幫助你減少完美主義習慣。假設你覺得自己在準備報告草稿上花了太多時間，你可曾想過對一個可靠的同事說：「我就是這樣，老是在準備工作上花太多時間，現在我已經花了十二小時了，我需要你進來並且說：『我看，這事由我接手吧。』」

有沒有辦法在工作環境中進行溝通，幫助你的同事更加了解你？「你也知道，我是那種會一頭栽進去的人，這工作我會一直做到半夜。我就是這樣，我想讓你了解這點。」如果你能夠對同事這麼說，表示你已經跨出第一步，能以超然角度對自己說：「喂，我真的需要這樣嗎？況且，我到底從哪得來的想法，覺得我非這樣不可？這是怎麼來的？」質疑這些莫須有的承擔會逐漸鬆開它們對你的控制，引領你進入更深刻的自我覺察。

你可能也必須面對覺醒時刻，承認你的做事方式不是最好的，事實上，別人也許可以把你的工作做得更好。葛林斯班回想他放棄了一些自己的完美主義習慣：

當出版商要求我寫我的第一本書，我寫了學術味十足的第一章。她把它還給我，上頭布滿用紅墨水寫的評語……我說：「是啊，可是，是啊，可是，是啊，可是……」我聽不到她的聲音。（她）最終對我說了類似這樣的話，「好吧，是這樣的。妳有一些很棒的構想，我希望我們能出版，但如果妳希望這些構想能發表，妳必須習慣編輯過程的意見。」這是我自己的恢復過程中的一個重要起點。

克服非黑即白思考

過勞是大多數完美主義故事的共同主題，這是我們努力變得完美的方式。過勞感覺就像是防止失敗的保險單：「只要我這次介紹得夠努力，客戶就不得不買我的產品。」事實上，無論你的推銷多完美，客戶都會作出對自己最好的選擇。

非黑即白思考是完美主義者的常見策略，我們會想：**要麼我是最棒的，不然就是徹底失敗**。幸運的是，你可以透過建立一種稱作「捷思法」（heuristics）的簡單規則，來壓制非黑即白的心態。在心理學中，捷思法是讓你可以解決問題並作出有效決策的心理捷徑，它們的目標是繞過反芻思考，遏制過勞，並消除進行決策的壓力。

長期表現優異的超成功者能管理完美主義傾向、過度工作，同時仍然有信心在制定了正確的指導方針之後盡力而為。焦慮領導者只要為每個專案建立工作參數，並且設下「夠了」的目標和結束日期，便可以創造有助於管理完美主義傾向的界限，同時仍然帶來極佳成果。

最簡單的起步是建立時間限制。假設你必須為客戶做一次包含二十張幻燈片的報告，你的正常本能可能是把行事曆上的每個額外項目清除，以便騰出接下來的五個晚上和週末來處理幻燈片。但也許沒這個必要。

根據你的經驗，你知道每張幻燈片需要一小時，而且你需要額外時間來設計、校對報告內容，總共二十五小時。你能不能從每個工作日抽出兩小時，在接下來幾個晚上分別抽出三小時，再加上週六上午？讓自己在週五和週日完全休息。你可以插入一些迴旋空間，重點是制定出納入工作時間的外部參數，這樣你就不會為了準備一次其實不需要額外時間的報告而抓狂了。

適當的努力或「夠了」的目標

順利的話，在管理時間和運用捷思法時，你會開始享受把一些東西變成現實的創造過程，而不只是關注結果。你也可以挑戰自己設定「夠了」的目標，只用適當的努力去實踐，而不是全力以赴，付出額外努力。

適當的努力和我們文化的期望（始終超越自我，始終做到最好）相反，它是做得很好，但免除了對成果的過度情感投入。瑜伽導師莎莉・坎普頓（Sally Kempton）寫道，適當的努力是不費力的努力。對坎普頓來說，適當努力行動的秘訣是問自己：「如果這是我這輩子的最後一個行動，我會想要怎麼做？」

如何在你的生活中付出適當的努力？練習做個丙等（C+）學生。我知道，這話會讓你們當中某些人倒抽一口氣，但請聽我說。

- **並非每個案子都需要你拿出最佳成績。**要是你只拿出79％成績會如何？要是你的下一份報告文稿沒達到高水準會如何？關鍵是承認結果。對你的上司來說你的表現夠好嗎？對你自己來說你的成績夠好嗎？兩者的答案幾乎都是肯定的。
- **妥協是一種健康的做法。**把鏡頭拉遠，專注於整個大局。什麼值得你全力以赴，什麼不值得？大目標當然值得，但一路上會有很多值得妥協的地方。
- **回想一些快樂的意外。**你可曾遇過一種狀況，會議被取消或工作期限延後，而你神奇地迸出一個你一直在尋求的構想或對策？當頭腦空下來，創造力往往就會產生。下次你想要操勞加班時要記住這點，當你決定休息一晚，想像一下大腦的空間真的會因此被打開。

- **利用工作以外的事物練習。**你可以利用健身作為設定工作時間限制的替代物，科學顯示，我們每週只需要若干有氧運動和肌力訓練就能達到運動目的。如果你習慣每天健身一小時，把它縮減到四十分鐘看看會如何。過程會不會壓力小一點？你對健身房的恐懼會不會少一點？

你可以學習接受較少的成就，你可以使用「那又如何？」練習來幫助自己，但要注意：如果你已習慣於達成目標（就和我們多數人一樣），這會讓你在短時間內充滿挫敗感。

但**只是**一下子。你很可能會發現，你獲得的東西（更寧靜輕鬆的工作日、更不受干擾的時間和大腦空間）很值得用你在極度焦慮拚搏中失去的東西來換取。更何況，那真的算得上損失嗎？當然不是。要知道，為了擁有你想要的圓滿健康的生活，有些事表現得沒那麼好也無妨。

「那又如何？」練習

本練習在認知行為療法中被稱為「箭頭向下法」（downward arrow），而我稱它是「那又如何？」練習，藉此向教授兼心理學家安潔拉・尼爾－巴奈特（Angela Neal-Barnett）致意，她激勵我用一句溫情的「那又如何？」來回應我的內在判官。

重點是透過找出潛藏在完美主義底下的恐懼，來幫助你的大腦「重組」負面無意識思維。這項技巧能很快揭示我們對自己的基本核心信念，一旦核心信念被揭露，就比較容易問：這是真的嗎？最壞情況真的有可能發生嗎？

這對喜歡杞人憂天和擔憂的人來說也很有趣，回想最近一次你追求完美的時候，如果當時你降低標準或犯了錯誤，結果會如何？就拿我對公開演說的恐懼做例子吧。

最初的擔憂（內在判官的聲音）：

如果我同意做主題演講，一定會讓觀眾失望。

好吧，假設這真的發生了，那又如何？（或者，然後呢？）

他們會埋怨我浪費他們的時間。

好吧，假設這真的發生了，那又如何？（或者，然後呢？）

他們會說我的壞話，或把它發布在社群媒體上。

那又如何？

我會看到負評然後難過半天，我會覺得很丟臉。

然後呢？

沒有人會願意再請我去演講。

然後呢？

我會很羞愧，感覺自己在真心想做好的事情上失敗了，畢竟我應該是個優秀的演講人——這是身為成功商業作家的一部分。

一旦你確定了驅動完美主義傾向的核心信念，治療工作就開始了。正如本練習所揭示的，我的完美主義主要是由對羞恥的恐懼驅動的，也帶有許多「應該」表述；一個成功的商業作家**應該**發表大量的主題演講，即使這讓他焦慮。我需要深入探究這些核心信念，以了解為什麼它們對我擁有如此大的支配力量。

同時我也可以承認，我的演講糟糕到被人在社群媒體上謾罵的可能性很小，也許我的擔憂，即使**感覺**起來很真實，卻是不切實際的。

擁有快樂童年永不嫌遲

就像許多和焦慮相關的問題，完美主義的控管有助於你開始相信自己好得很，這是挑戰，也是承諾。它的方法可能包括接受並珍惜自己的完美主義傾向，畢竟還有誰會像你一樣關心呢？

方法可能包括接受一個事實，就是「完美」這種事顯然是達不到的。然而卓越就不同了，你猜怎麼著？卓越需要犯錯，就像肌肉需要稍微撕裂才能變得更強壯。我永遠忘不了當我讀到網球傳奇人物阿格西（Andre Agassi）回憶錄時的驚異，不用說，我們認定他是巨星之一：他贏得八項大滿貫賽事，但他輸掉的次數遠多過贏的；他連著好幾年輸掉大部分比賽；他在職業網壇遭到嘲弄，還多次蒙受慘敗。但是當輸球時，他改用新的方式訓練，來鍛鍊新的技巧和肌肉；他克服羞恥，接納自己；追求卓越要求我們不斷成長，而且保證我們一路上頻頻出亂子。對完美主義者來說，這是一個讓人徹底解脫的真相。

當你決心投入自我完善和真誠的自我反思，你便同意了讓自己變得可愛而親善，容許錯誤等等。而這麼做的最好方式是：和一個真心誠意相信你的人建立連結。他也許是訓練有素的專業人員，有時這人就是你自己。當你的內在判官太固執，而且從你有記憶以來就一直跟著你，你也許會很難相信自己能學會平息批判的聲音，成為自己的頭號啦啦隊長。可是一旦奏效，你甚至可以依靠你的完美主義傾向去克服你完美主義的習慣！

我仍在學習放開完美主義，成為自己的自我倡權者（self-advocate），而這很可能是一輩子的努力過程，誠如湯瑪斯．葛林斯班提醒我們的，「這件事沒有神奇的對策，就像你只能對一個酒精成癮的人說：『你何不乾脆出去，別喝了？你可以不要開酒瓶——只要說不！』」這事需要時間和投入，需要自我同理和仁慈。

但我可以告訴你，這麼做非常值得。還記得第三章提過的、曾參與八家科技新創公司的創業顧問安迪．瓊斯嗎？瓊斯早年經歷過很多創傷。他說——

當我在幼年苦苦掙扎，感到悲傷沮喪，承受著恐慌發作和低度的持續焦慮，我實際上逐漸把表現和成就當作了某種藥物。

我拿到每一個比賽冠軍或每一座獎盃，或者擊出全壘打、成績全部拿A或任何讓我心情好的事，因為我難得有好心情。可是當我做這些事，我感覺很棒，覺得自己很可愛。從小，我的大腦就開始把我周遭的大量訊息，連同社會給出的訊息加以內化，覺得如果我有成就，我就是可愛的；如果我沒有取得成就，就表示我這個人天生不討人喜歡。

因此，我成年後的故事基本上是想方設法追求極致，但最終醒悟到，透過各種成就尋求外界認可的做法必須停止，因為這是一種不覺得自己天生可愛的徵兆。

對自己進行了大量治療和努力之後，瓊斯能夠從「堅持不懈只求做更多」退後一步。瓊斯坦率承認，他感覺成就和自我關愛之間存在著巨大矛盾，他必須學會愛一個沒有成就的自己，而他說：「這麼做很值得。」

能夠做自己喜歡、能為自己帶來快樂的事，而不那麼在乎別人是否認為你做得好，是何等的福氣！當我們長大成人，了解自己的完美主義動機來自哪裡，我們便可以學著相信我們的價值是理所當然的，而非取決於我們能生產什麼，或者我們的工作品質。我們可以選擇自己必須做什麼工作，以便在事業生涯中證明自己；並選擇我們能做的工作，只為了讓自己快樂。

9 掌控感

疫情剛開始時，我們全都手忙腳亂，那是我印象中最動盪、最令人焦慮不安的時期之一。

我打電話給我朋友莎拉（Sarah）想看看她情況如何。她告訴我，她的公司亂成一團，執行長幾乎不見蹤影；各項數字不太樂觀，執行長躲在辦公室裡，對業務的各個方面進行詳細預測；他的團隊對他的缺席相當不安（儘管他們知道他非常、非常努力工作），尤其在他們需要令人安心而鮮明領導的時候。

我很同情這位執行長。鑽研最壞情況的因應計畫能讓他在可怕情境中有一種控制感，而對一個數據人來說，數字運算可以是一種平靜的來源。他讓他的團隊感到焦慮，是因為他無意中表現出了他的焦慮，努力想在前所未有的情勢下取得掌控感。

為什麼對焦慮領導者或甚至任何人來說，掌控一切的感覺如此美好？焦慮的人會尋求控制，作為保護自己免受想像中的不良後果影響的一種方式，因為它受到一種希望的驅動：只要我們能暫時控制局面，我們最擔心的事就不會發生。

這和之前提過的憂慮和反芻思考的運作方式非常相似，我們都知道大腦討厭不確定感，並且把不確定感當作威脅那樣地作出反應，而這種擔憂會讓我們覺得自己確實在有效地處理不確定感。臨床心理學者克莉絲汀．朗尼恩指出，有時這種策略似乎很有用：我們暫時避免了可怕的潛在後果，於是憂慮成為我們不斷重複的策略；我們逐漸相信，只要我們用力操心，它就不會發生。

關於控制也是同樣情況，如果我們鎮住局面並努力掌握大小事，然後害怕的結果並未發生，表示我們控制未來的嘗試似乎奏效了。由此可以輕易看出，尋求控制為何會成為許多人的習慣。

可是讓我直接把這層急救繃帶撕了：我們實際上幾乎控制不了任何事。

這是令人難以接受的真相，但既然每個心理學者、冥想導師和智慧者老都說確實如此，讓我們至少考慮一下這個說法。我們生活在一個不可測的世界，有時即使是最謹慎的規劃或最獨到的災難分析，都無法解釋接下來會發生什麼（如果這聽來太可怕，請記住，總的來看，我們還是有機會驚喜地迎來快樂的結果！）

還有一個非常重要的推論：我們仍然需要**若干**控制感。大量研究告訴我們，對心理最有害的經驗之一是欠缺主體性（agency）。我們需要至少對自己的生活和環境擁有一些影響力，我們需要能夠作出影響我們成果的選擇。在工作中，最快樂、最有成效的工作者是那些擁有自主感和主體性的人，這讓他們能作出影響其任務、成品和工作計畫的決策。

那麼，在兩手一攤任事情自然發展，和落入焦慮和頑固僵化之間的健康平衡在哪裡？

焦慮專家大衛．巴洛解釋，客觀地說，我們確實無法像我們以為的那樣控制生活中的許多事件（或者，肯定不如我們希望的那麼多）。但是，他說，當我們運作良好，而且只有中度焦慮時，我們能夠保持「控制感的錯覺」，一種「非常健康的心態」。巴洛說，不超過中度焦慮的人和嚴重焦慮的人之間的差異在於樂觀，前者能夠相信，雖然什麼事情**都可能**發生，但多數時候事情不會有問題的，即使出了差錯，他們也有能力處理。

將這種心態與嚴重焦慮者，或是一個採用不健康、無建設性的態度，來應對失控局面的焦慮主管作對比，後者的威脅評估系統會不斷被激起，並預期事情最終一定會出錯。因為他們可能會矯枉過正，然後變得更要加強控制，這在工作上可能會以微管理來表現，並擺出「聽我的不然就滾蛋」的姿態，或者是以單打獨鬥的方式行事。但有些人也可能會變得木然，試圖迴避或忽略引發焦慮的情況，基本上這是放棄了原有的任何控制權。

這些反應方式都不是長久之計。但和焦慮一樣，控制這件事似乎也有一個恰到好處的控制點：不多不少，剛剛好。而幸運的是，我們可以透過治療和其他實務來學習變得更加樂觀。

為什麼我們無法放下防備？

如果你是那種老覺得自己無法放鬆警戒的領導者，要知道很多人跟你一樣。你也許根本不**想要**這樣，我能了解，當意外發生、當你焦慮飆升，或者只是在處理日常的工作壓力源，掌握每個細節可以讓你有一種控制感。

但是，保持警戒是一回事，覺得自己必須不斷監控環境中的威脅或者為最壞情況作好規劃，則又是另一回事。如果你總是在為不確定、可怕的未來作心理準備，就會被「預期性焦慮」（anticipatory anxiety）支配。預期性焦慮意味著你「長期為了某一種被你視為不可測威脅的想像中的未來情況擔憂」，在不確定或觸發情緒的情況下，你可能會覺得眼前的情況是危險或無法彌補的，於是你的大腦急於為壞事作準備。不幸的是，大腦準備的方式往往是感受更多焦慮，因為有時候，對控制的過度需求是來自焦慮本身。焦慮會觸發你過去的經歷，並告訴你「千萬別放鬆防備」和「一切全靠你了」，我們努力控制事物是試圖管理自己的焦慮，而諷刺的是，焦慮是試圖完全控制環境，避免壞事發生。

焦慮的人也會經歷「過度警覺」（hypervigilance），一種會破壞生活品質的極端而過度的覺察狀態。雖然心理學家並不認為過度警覺本身是一種疾病，但它是創傷後壓力症候群的決定性特徵之一，也常會影響我們這些有臨床焦慮症的人。

過度警覺從何而來？當然，一個來源是創傷。貝塞爾．范德寇（Bessel van der Kolk）醫師長期致力於了解人如何適應創傷經歷並從中治癒，他解釋說，創傷為我們留下了「被恐懼驅動的大腦」。經歷創傷時，我們的威脅評估系統變得過敏，導致我們看到其他人看不到的威脅。創傷還會損害心理過濾系統，該系統可以幫助我們區分有意義的以及可以忽略的訊息。因此，我們可能會在被掛斷電話後，過度專注在一些一般人會忽略甚至不會注意到的事。

過度警覺的另一個來源是第四章討論過的：懸而未決的童年傷害。即使沒有創傷史，每個人難免會在童年時期經歷一些負面事件，而且由於發生在重要的成長階段，它們的影響也往往非常深遠。在暴力或不可測家庭中成長的孩子常學會不計一切得到安全感，而焦慮似乎是一種極有效的策略；還有「功能過度」，焦慮的孩子可能學會去執行、承擔家務來讓自己好受些。不管是什麼原因，預期性焦慮以及對控制的渴望都是為了得到安全感，從邏輯上講，它們會在我們感覺情況失控時出現。

如果你曾和一個焦慮、控制欲強的人共事，你就會明白那有多難，然而這些人有很多非常成功。事實上，許多人擔任領導角色正是因為渴望掌控一切，有些領導者甚至將自己的成功歸功於他們的許多焦慮面向。這一切可以歸結到《大西洋月刊》總編輯史考特・史塔索告訴我的：每一種負面焦慮特徵都會帶來一種相關的良好特徵。問題是，我們能不能學著善用自己的痛苦經歷？

領導力教練傑里・科隆納（Jerry Colonna）給了我這麼一個例子。科隆納和六個兄弟姊妹在一個艱困社區長大，父親酗酒，母親患有心理疾病。他說：「家裡有暴力，外面也有暴力。」在這種不穩定、不可測的環境中，科隆納發展出一種能夠單憑一丁點訊息預測雙親情緒的警覺性，例如，他父親下班回家後在走廊裡的腳步聲，可以透露這將是美好的一晚還是糟糕的一晚。科隆納隨時在為不確定的未來提前打算。

成年後，他能夠將這種觀察入微運用到細節上，將「過度覺知」（hyperawareness）運用到他一無所知的行業，覺察到別人遺漏的細節和趨勢。

他成為科技新創投資的早期先驅之一；他還成為一名幹練的記者和領導力教練，並將他在這些領域的大部分成功歸功於他小時候培養的「對他人存在感的過度覺知」。科隆納告訴我，過度覺知「實際上對我非常、非常有用，因為我往往會聽見我的採訪對象根本沒聽到的東西，我可以在問題中把它說出來。這是一種超能力，因為突然間，我可以進入一種同理的態度。情況不再是我是受訪者，你是採訪者，我們得以進行情感上的親密對話；我們得以回復人對人的關係，因為我用心留意。」這是一個絕佳例子，顯示高度順應他人的成長經驗可以在日後生活中作為一種超能力。

當你對他人的關注變得如此極端而耗神，而沒有為自己保留空間，挑戰就來了。或者當你全心全意照應他人，確保他們滿意時，以致你們雙方都越了界，忽略了守住界限。你也會很容易為了避開衝突而一手包辦所有事，或者把某種困境歸咎於自己，而無須冒著讓對方失望的風險。

指導那些飽受焦慮之苦的客戶時，科隆納採取的第一步是幫助他們把種種的憂慮反應看成「美妙的生存策略」，他們在童年時學到的東西保證了他們的安全——它奏效了！但下一步是檢視現狀。「真的需要擔心你是否安全嗎？」科隆納說：「你小時候經歷過的威脅仍然存在嗎？很可能**編程**（programming）仍然存在，但威脅不同了。威脅已經改變的最佳證明是，比起小時候，我們作為成年人所擁有的力量已大不相同了。」

這是我不斷重溫的一課：我們的童年自我沒有力量或控制力可以離開或改變危險、不可測的狀況；我們必須依賴生活中的成年人，即使他們不可靠；我們覺得有必要讀懂他們的心思，滿足他們的需求。但如今，生活不同了，我們可以選擇，我們有主體性，我們對自己的環境有更大的控制力；如今我們可以用更明智、更有建設性的方式行事——即使有時候我們仍會感到害怕。

工作中的控制需求

我們在工作中看到的很多「不良行為」（支配、打斷別人、控制、微管理、忽視或壓制不同意見的衝動）都是由恐懼引起的，而恐懼往往是在有意識的覺察底下運作的。讓我們來看看一些職場最常見的由恐懼驅動的控制需求的表現方式，在下一節中，我們將提出一些透過解決控制背後的恐懼來放開控制的方法。

「不聽我的就滾蛋」

大家或許都和控制欲強的上司共事過，他會發出指示，期待手下立刻鉅細靡遺地執行。員工會不願甚至害怕向上司提供意見或面對他們，唯恐得到充滿戒備、不耐或敵對的反應。在這種上對下的層級關係中，沒有討論、新構想或歧見的空間，因為一切都是領導者說了算。

聽來很慘，但這類「不聽我的就滾蛋」（my-way-or-else）的領導者並不罕見，這些人並非全都表現得像電影《穿著 Prada 的惡魔》（*The Devil Wears Prada*）裡的傳奇惡老闆米蘭達．普瑞斯特利（Miranda Priestly）。控制行為通常比較微妙：發表消極的攻擊性言論、拒絕討論、不夠圓滑、愛搶話，或對團隊成員抱有不切實際的期待，總之就是需要掌控對話、工作流程、可交付事項和步驟的上司。和這類上司**一起**工作是不可能的，他們對控制的需求確保你只有**替他**工作的份。

在這樣的領導者手下工作很難，而且我得承認，真的很難對他們有任何同情。可是仔細探究，我保證你會發現驅動他們鋼鐵意志的，其實是根深柢固的恐懼。這類上司最害怕的就是失去控制，當掌控感受到威脅，他們會有不良反應。

如果你發現自己正是這類型的領導者，恭喜你這麼誠實又有自知之明。但想想包溫家庭系統理論給我們的啟示，考慮一下，你的行為如何影響整個團隊？那些藉由努力控制環境來因應恐懼的領導者創造了讓員工難有最佳表現的緊張環境。控制欲強會破壞員工的自主性、降低工作滿意度、扼殺創新，長遠來看它也會損害收益。毫不意外，在這種領導下，人員流動可能相當頻繁。

只有我能搞定

獨當一面的立場對焦慮領導者來說是如此誘人，這是試圖保有控制力的另一種手段。在這種情況下，領導者不會發號施令，而是獨攬所有工作。他們不委派工作，相信只有自己能完成重要的可交付事項。當然，事情會完成，但這些領導者為了安心而投入所有時間拚命工作，弄得疲憊不堪，因此過勞的風險很高。

有時，「只有我能搞定」（only-I-can-fix-it）型領導者是出於傲慢。但猜猜許多傲慢行為的背後是什麼？不安全感。人會假裝什麼都懂來掩蓋自己的恐懼，或者為了克服恐懼而努力過了頭。根據包溫理論，「只有我能搞定」式領導是功能過度的典型例子，為了回應自己的恐懼，這些領導者求助於減輕焦慮的最快方法，也就是自己跳進去解決問題，而不是相信自己的團隊能發揮作用。

「只有我能搞定」式領導的影響是員工自主性低，積極性和敬業度低（既然有人會替你完成工作，或者你連試都沒機會試，又何必多費事？），工作滿意度低，員工不覺得他們和工作成果或組織使命有什麼利害關係。

微管理

微管理是領導者用來保有控制力的常見策略。作為功能過度的另一種形式，微管理可以表現為過於關注細節，過度參與監控他人的工作，以及和員工過度溝通或查看員工。

科隆納認為，微管理是結合了完美主義的焦慮。「當我在一個組織中（擔任教練），如果我發現微管理是它的一種主要文化屬性，那麼組織內多半藏有巨大的恐懼。」他說。

這話在我聽來十分真切，重點在於，它正確找出了個別領導者焦慮的根源：不是來自團隊。無論如何，團隊通常能力很強，不需要上司每隔幾小時就查看一次，就能表現良好。這種擔憂只是出於領導者本身的焦慮。

練習放開控制——平息焦慮

「我認為最過度警覺、微管理、完美主義的人會把自己搞得很痛苦。」這是科隆納告訴我的另一件事，我認為他是對的。

如果你能稍微放輕鬆，稍微放開控制，學會放手，讓你的團隊表現、成長茁壯，對你和你的團隊來說不是很好嗎？領導不必非搞得很痛苦，也不必非搞得筋疲力盡。以下幾個策略可以幫助你平息恐懼，成長為懂得協調合作、激勵鼓舞他人的領導者。

採取學習心態

一輩子的操心盤算不會一夕改變，我們這些經常擔憂的人可能已建立了信念，認為是我們的焦慮阻止了壞事的發生，而這種信念很難放下。

但相互關係不等於因果關係，你靠著一路擔憂到達現在的位置**感覺上**或許很真實，但誰說如果你少了所有的焦慮、擔憂和強迫性控制，你那無可磨滅的卓越不會依然發光發熱？

事實是，放棄長期的習慣感覺很可怕，因此你需要用學習的心態來面對這問題。「嘿，我是新手，」你可以對自己說：「我不會立刻精通，我需要大量練習。」不妨一步一步慢慢放開對控制的需求，例如：抗拒想要查看員工的誘惑一小時（如果輕易做到，就延長為兩小時），練習忍受一些不安的感覺，不要馬上進去調解衝突。與其自己機械地完成所有事情，不如把低風險的任務委派出去，並逐漸提升賦予團隊成員的責任。

練習開放覺知

知名冥想導師雪倫·薩爾茲堡將「開放覺知」（open awareness）描述為「觀察環境的原貌而不覺得有必要改變它們的能力」。關於這樣的生活態度，薩爾茲堡說其結果是「接納」，而接納會帶來衝突的終結，進一步產生目標和願景的明晰性，進而導向高明的行動。開放覺知有助於我們對同事的過失給予善意解釋，賦予我們耐心，並讓我們對批評和建議採取更順從的態度。

如果你是那種一輩子都靠自己解決問題的人，那麼開放覺知的練習可能會讓你覺得異常困難。薩爾茲堡承認，它「在我們這些行動導向的人聽來可能太被動了」，然而她說，有能力安適自在地處於當下，儘管它有種種不完美，卻是「一切真正幸福的基礎」。

開放覺知的態度會把我們導向一種截然不同的領導類型，和控制、專橫與微管理完全相反，那就是：退讓（surrender）。可是要退讓什麼呢？對自我中心的控制欲的需求。

「如此一來，任何領域的領導，其目的都不是讓聚光燈投向自己，而是投向別人。」薩爾茲堡寫道。然後，領導者可以「幫助創造一種讓員工感覺受到重視而非被支配、受到鼓勵而非退縮不前的環境。退讓可以讓領導者走出原來的老路，致力於釋放他們所服務的人（那些需要領導以便成長茁壯的員工）的潛力。」薩爾茲堡告訴我們，從以自我為中心轉變為關注大局，使得我們能獲得個人成長，把工作做得更好，加深和同事間的關係，並對變化保持開放，對各種期待保持彈性。

要記住，這也是一種學習，需要隨著時間慢慢養成的，許多正念瑜伽名師每天冥想是有原因的——他們必須練習不懈。

練習慈愛冥想

練習、發展開放覺知的絕佳方法是一種稱作「慈心」（metta）的古老冥想形式，又叫「慈愛」（loving-kindness）冥想。這是一種專注於向所有人發送善意（包括你自己）的積極冥想形式（它正好有助於降低急性焦慮，培養自我同理），在它的最簡單形式中，你只需要大聲說出或默念這些話，緩慢而真誠地重複一段時間，或者直到你平靜些或壓迫感減少：

願我免受傷害。

願我強壯健康。

願我快樂。

願我活得自在輕鬆。

如果你願意，你可以將善意擴大到一個你感激的人，一個中立的人，一個和你有紛爭的人，最後，擴及所有眾生。

「當你真誠地說出這些願望，練習中的每個元素都成了一種解脫。」薩爾茲堡寫道。「這些句子能引導能量，而不會讓它擴散。當你這麼做，你會拿回掌控，你可以感覺到身體放鬆了，因為你的焦慮周圍的空間打開、釋放了。當你放開控制，你可以自由選擇如何反應，而不是被各種可怕的猜想約束。」

尋求明確性和結構

如果你因為遠距工作、新上司或新員工讓你焦慮而覺得需要控制，請尋求明確性。當事情不清楚、不確定或模稜兩可，我們會感到焦慮，如同生產力專家鮑伯．波森（Bob Pozen）說的，「首要也是最重要的一件事是，為你的團隊建立成功指標。」成功指標是一切的關鍵，因為它們能「促成目標明確和更好的溝通」，一旦它們到位，就不需要微管理，因為員工有了明確授權。上司可以放手讓員工完成他們的工作，接著定期查看即可。

這方法的優點在於它可以減少整個團隊的焦慮，每個人都清楚自己該做什麼以及何時該完成，員工被賦予自主權，而上司仍然處於領導角色——在那裡指導、制定戰略和推動，而不是插手管事。

你也可以利用結構來緩解焦慮，並為日程安排、最後期限和長程事業目標制定明確的計畫。我每天一早會以半小時為單位安排當日的時間，我知道很多領導者會使用精美的顏色編碼系統來規劃他們的工作、家庭、社區參與、健身和休閒時間。尤其如果你是那種喜歡條理分明和製作清單的人，詳細的規劃可以幫助你避免被焦慮困擾，讓你更能夠平抑控制行為。

試著記錄並命名

在探究自己的情緒並採取行動之前，請停下來記下並命名你的情緒。這需要一點練習，因此，下次當你急著控制或解決什麼時，先停下來，轉向內在。是什麼情緒在驅動這種機械式反應？溫和地為它們命名，不帶評斷：「哦，是恐懼。哦，是憤怒。」

研究顯示，當我們指出並命名困難的情緒，就比較不會經歷壓力反應。停頓會帶來些許情緒上的自由：我們不會過度認同困難的情緒（「我好害怕」），而是認知到自己**正在經歷**這種情緒（「我正在體驗恐懼」），這使得我們有更多回應方式可選擇。

薩爾茲堡說，命名練習（她說明這是為當下產生的想法或感覺命名）有三個好處：（1）它創造了一個沒有對想法或感覺作出反應的平靜內在空間。（2）它提供了一種即時回饋系統，如果我們發現自己的反應是憤慨、自責或自我批判，這時我們就有機會回到一種開放覺知的狀態。例如，與其說「我又一肚子火了！」不如說「是啊，這就是現在的情況。」（3）記錄情緒能提醒我們，所有感覺都是短暫的，也許你**此刻**覺得憤怒或恐懼，但感覺不會持久，它們總會過去的。

交出控制權

有時，你只需要把控制權交給你的團隊（即使你害怕這麼做），例如退出通常由你控制的流程，或者把通常由你管理的工作產品委派出去；同樣地，把它當作練習，先從小處著手，必要時逐步升高。一旦你讓手下大展身手，很可能會對他們的能力驚喜不已。

領導全國公共衛生運動的數位健康傳播工作者兼研究員愛米莉亞．伯克－賈西亞（Amelia Burke-Garcia）向我講述了，她和她的團隊如何安排一場聯邦政府資助的關於Covid-19疫情的多媒體活動。她指出，她在這次危機中的管理風格，和十年前她主導疾病控制與預防中心（CDC）的全國流感疫苗接種活動時，所使用的風格有所不同。兩者都是高風險和高壓力情況，但在當時，作為經驗不足的領導者，伯克－賈西亞承認自己「較像是一個微管理者，老在擔心能不能交差和達標」。她的焦慮表現為太過頻繁地查看工作狀況，儘管她並不擔心團隊的能力，她說：「這反映了我自己的擔憂和顧慮。」和每個領導者一樣，她面臨的挑戰是「在表達關心和支持之間找到平衡，允許（團隊）獨立運作，信任他們能把工作做好。」

從那以後，伯克－賈西亞一直刻意地避免微管理。她說：

> 我已經充分認知到必須給別人空間做他們自己。我認為可以在指導人們發揮最佳表現，以及讓他們擁有自己的獨特性，用自己的方式溝通、說話、寫作和做

事這兩者之間找到平衡，或許不是每個部分我都認同，但是沒關係。因此，這是一種有趣的動態過程，了解一開始為了指導、培養員工而付出的所有辛勤努力的益處，同時又知道何時該退後一步，讓人們獨當一面。

設下界限有利你有效控制

控制我們實際上**能夠**控制的事物的一個方法是，保護自己的界限並設下極限。界限太重要了，一旦你了解自己的界限，它們就像一種神奇的要素——一種你甚至不知道已經失去了的要素，直到你陷入焦慮，感覺你的職業生活失控了，眼看就要過勞。

在開始設定界限之前，讓我們了解什麼是（和不是）界限，因為有許多人已經習慣了沒有健康界限的工作，所以我請一位專家幫我溫習一下。

心理師、哈佛醫學院心理學助理教授蕾貝卡・哈利說：「界限的一般工作定義是我們為自己設定或建立的指導方針，以便確定我們在生活中運作時，什麼感覺起來是可以容許或安全的東西。」如果處在界限之內，她又補充，我們就有信心自己會沒事，能表現出最佳狀態；當長期處於界限之外，問題就會出現。

因此很重要的是，領導者要了解自己和團隊的界限，尤其在焦慮的時候。當我們了解自己的界限，我們就可以設下限制。「極限的概念就像你要試著去觀察、小心不要越過的那條線，」哈利說。「那是你願意或不願意去做的事，以及你願意或不願意容忍的事。」

一個典型的例子是工作時間，尤其當工作輕易便占據家庭或休閒時間，很重要的是我們要了解自己對於願意工作多久、願意在何時投入這些時間方面的界限。哈利建議要確定界限，並且把它傳達給你的上司和工作夥伴，然後設下極限來確保你的界限得到保護。她自己生活中的一個例子是在一段時間後將手機留在樓下，這個界限使她免於過勞，以及花太多時間上網，而保留這界限的極限是確實把手機放在一個樓層外，讓她無法反射性地伸手去拿。

界限可以是我們需要保護關於人身、時間、精力和思想方面的任何東西。有些比較具體，像是我需要一定的個人空間，或者你需要你的工作區域更有條理些；有些則是無形的，例如為了保護我們的時間、精力、情緒或心理健康而設下的界限。

你可以為你需要的睡眠時間、和麻煩同事的互動量（或互動**方式**），或者用來修改一份報告的時間設定界限。實際上，界限可以設定你為了保護自己的身體、心理和情緒健康所需要的任何東西，幫助你發揮最佳功能。

羅珊・蓋伊（Roxane Gay）是暢銷作家、《紐約時報》「工作之友」（Work Friend）專欄特約評論作者，她在專欄中撰寫了許多職場常見的日常問題，以及工作場所如何影響我們的整體幸福感或缺乏幸福感。她從讀者那兒收到的許多問題顯示，我們在工作中經歷的很多衝突都是由於不尊重彼此的界限而造成的。我問蓋伊，她會如何向徵求她建議的讀者解釋界限，以及他們如何知道自己的界限何時被跨越了。

「我會告訴他，想想什麼會讓你在某種情況下感到自在，什麼會讓你感到不自在，」她說。「這就是你的界限所在——從自在到不自在的瞬間。不見得非要到不自在的稠度，你最起碼的界限是，『我不喜歡這樣。』」

我喜歡她回答得簡單明瞭，它強調了界限是因人而異的。性格外向的同事可能會興沖沖地順道跑進你的辦公室，和你來場臨時動腦會議，但有些人可能會認為這是對身體和心理界限的侵犯。你的不自在感在哪裡？是什麼引發了「我不喜歡這樣」的反應？那就是你的界限所在。

蓋伊常收到要她提供關於如何堅持健康界限的建議請求，她說，最常見的例子是過勞和加班到深夜和週末。「我說的不是『工作期限快到了，大夥一起努力』

的常見狀況，」她說：「我說的是持續的過勞，每週工作七、八十個小時，這太不合理了。」很多人承受過勞是因為他們相信自己的工作「本來就該作這種犧牲」，而可悲的事實是：他們是對的。太多的工作文化常在工作期望值上升到跨越健康界限，當今這種情況已發生得太頻繁，以致許多人逐漸把它當成了常態。

所幸有像蓋伊這樣的聲音。「你大可以說：『知道嗎，我平常只工作到晚上六點；我週六和週日不工作；我週末不查看電子郵件；我五點以後不查看電子郵件。』」她說。蓋伊指出，她也同樣必須有意識地保持自己的界限，即使你和蓋伊一樣，有很多人仰賴你，殷切等著你履行工作，這也同樣適用。「我拒絕相信有什麼發生在晚上七點半、八點的事不能等到第二天早上，」她說：「當然可以！」更重要的是，我們的許多工作文化中特有的「虛假緊迫感」都是我們自己造成的。「這是不對的，」她說：「這根本沒有必要。」

蓋伊承認，當你年紀漸長，保持界限就會更容易，而且我們生活在一個鼓勵缺乏界限的文化中。然而，努力找出界限並保護它是絕對值得的。有時，這項工作就從了解你的價值觀與自我價值開始。

「實際情況是，有時你必須相信你理當擁有界限，」她說，並補充，你**有權**保有界限——你不需要容忍別人推給你的任何東西。「為自己挺身而出並不『惡劣』。如果你的工作單位竟然會受到一個極合理的界限的影響，那麼或許你該考慮換工作了。」

扮演偵探來釐清你的界限

也許你已確切知道你的界限是什麼，又或者和許多人一樣，你的界限長久被忽視，以致你無法找出你自己的需求和他人需求的分界。我們的界限往往一點一點地變得模糊，我們甚至沒察覺，直到枕著手機睡覺、隨時回覆工作訊息變成一種日常，或者放棄家庭承諾，就算無話可說也非要在Zoom[37]線上會議露臉不可。焦慮的成功者尤其如此，很容易落入完美主義、取悅他人和生產的窠臼，以致忘了如何關注自己的實際感受。不管是什麼原因，我們都需要花些時間來弄清楚自己的情緒和體驗——找出自己，借用蓋伊的話，從自在到不自在的瞬間。

焦慮的飆升或其他的情緒困境往往是界限被跨越的跡象，蕾貝卡．哈利告訴我：「小小的焦慮高漲，實際上是我們可以注意聆聽的信號。」但如何才能做到這點？透過偵探扮演。

37 編註：Zoom Meetings，一款由 Zoom Video Communications 開發的專有影片對話軟體。

「你不一定要搜尋，」哈利說：「其實只要將注意力轉向內在……關注當下的所有感受。」換句話說：正念。她說：「其實這正是我們談論的重點，就只是專注於（最好是用一種好奇而不帶批判的方式）觀察、描述你在當下的內在體驗。」當你扮演偵探的角色時（**唔，瞧瞧我們發現了什麼**）你帶著更少的恐懼和更少的批判去接近自己，這就是關鍵。「我很少看到批判除了將我們封閉之外還有別的作用。」（要進一步了解如何釐清自己的界限，請參閱「找出你的界限和極限」練習。）

假設上司要求看你負責處理的備忘錄的最新版，而你厲聲斥喝她，你們倆都被你的反應嚇到了，因為她的要求完全是例行公事，甚至沒有催促的意思。這時你很尷尬，必須道歉，而且急著把工作完成，但這很難做到，因為你腦子裡不斷重播著那一刻的狀況，為此自責不已。

但是，如果你花五分鐘扮演偵探，執行一項小小的事實調查任務？也許你仔細聆聽，發現混合了焦慮、憤怒和懊惱的不快情緒。**好極了，這下我們有東西可以處理了！**扮演偵探的你心想。這些艱難感受的背後是什麼？原來是這樣的，當天上午，辦公室裡的大嘴巴在你起草備忘錄時順道經過，倒給你一堆垃圾。那人比較資深，你覺得你別無選擇，只能停下手邊的工作聽他說。他說個沒完，同時你的 Slack 訊息通知越積越多，焦慮和煩躁不斷升級。等那人終於離開，你得以回頭繼續辦事，可是半小時不到，你的上司開始召喚——於是你無意識地作出反應。

找出你的界限和極限

這是幫助你找出自己的界限的另一個練習。仔細聆聽並考慮什麼需要保護？一個不錯的起頭方式是完成這兩個句子：

- 當……的時候我會有不安全感。
- 當……的時候我的工作表現會打折扣。

使用你進行本練習得到的訊息來找出你的界限，並設定一個確保你的界限不被跨越的極限。

以下是幾個例子：

這時我會有不安全感：當同事就私人事務向我徵求意見時。
什麼需要保護：我的情緒能量，我的工作和個人生活之間的區隔。
界限：我不會在職場中參與關於同事私人生活的討論。
極限：我會告訴同事，提供私人建議讓我覺得不妥，我需要在辦公室裡專心工作。

這時我的工作表現會受到影響：我答應了太多事。
什麼需要保護：我的時間，我的體力和腦力。
界限：我不再有求必應了；或者，我會更常對自己說「好」。
極限：在我和可信賴的商量對象仔細檢視，而且兩人都同意可以這麼做之前，我不會對新的工作要求說「好」。或者，我會把晚上七點以後的時間用來自我充實，並關閉所有和工作相關的訊息通知。

當然，事情不見得總能如你所願。你可能很難奢求在日程表中找到三個九十分鐘的不間斷區塊，或者你可能無法選擇對進來的工作要求說

「不」。在這些情況下，請找你的上司商量，看你們能否找到有創意的折衷辦法，至少有問有真相。

第一個例子很簡單，因為不必怎麼留意就能看出，辦公室的大嘴巴侵犯了你的實體和心理界限。他進入了你的空間，你不喜歡這樣，他們也不尊重你的時間、精力或職責。但是考慮一下：也許這種事只發生一次，但如果你的界限長期不被尊重會如何？累積的效應可能帶來深深的挫敗感、低生產力，最終導致倦怠。

然而，有時我們的界限並不容易識別，如果你從事一份自己喜歡的工作，但你覺得越來越累，越來越沒勁，該怎麼辦？這時偵探扮演也能發揮作用。例如，你傾聽並探究這些感覺，結果發現你參加的大量銷售活動正在消耗你的精力，因為這和你的內向天性並不吻合。你的界限關係到時間，但和精力尤其有關，在你開始感到不適之前，你能應付多少社交活動而不會開始產生標示著健康界限正被跨越的不安感？（記住：不安感可能就像焦慮、惱怒、疲憊、憤世嫉俗或其他的艱難內在狀態。）根據這些訊息設定你的極限：**我每月最多參加兩次社交活動。或者，我需要在社交活動之間有多少的時間空檔來充電並保持最佳狀態。**

然後根據這個訊息，找你的上司談談，針對你認為哪些環節行不通，以及你需要什麼以便有最佳績效提出真誠的評估。如果你對如何達成目標已有定見，那就更好了：也許拓展人脈的工作可以由團隊成員輪流分攤；也許有些活動可以在線上舉行……以這種方式和你的上司討論對策，不僅有助於清楚溝通和維護你的界限，也展現了你的領導能力以及你對組織使命的投入。

§ § §

在我們心裡深處存在一些常見的恐懼，對失去控制的恐懼就是其中之一。它會驅使我們做許多事情來保護自己，其中有些相當不理性，這是很可以理解的，因為一想到會失去控制，就會覺得**太**可怕了。和之前一樣，關鍵是要停下來，覺察到眼前的情況，不要因為對失去控制的焦慮而衝動行事。

以豐富的自我同理來處理這項工作，面對根深柢固的恐懼需要我們坦誠面對一些最令我們害怕的事物，並採取一些讓我們感到脆弱無助的實務和態度。意思是我們必須試著採取不同的立場：接納而非抗拒，自我同理而非自責，溫柔而非強迫。最終，要接受放開控制是無可避免的，唯有如此才能擺脫支配我們日常生活的焦慮。

10 意見回饋、批判和冒牌者症候群

即使沒受到焦慮困擾，回饋（以及它那苛刻的表親，批判）可能都讓人難以承受，但焦慮的人往往特別害怕被人評斷，而當完美主義、取悅他人和功能過度等因素起作用時，未能達成某種理想也會引發深深的恐懼和羞恥感。當涉及到冒牌者症候群，即使是溫和的批評和有益的回饋，彷彿也像是公開證實了我們一直以來的懷疑：我們是配不上既有成就的騙子。

許多焦慮的成功者害怕批評和意見回饋，主要是因為我們害怕丟臉，無論意見多麼「有益」或傳遞得多麼溫和，都只會去注意它的消極面，覺得一切都是自己的錯。我對負面回饋有兩種立即反應，兩種都很不成熟且沒有建設性。我可能會發飆然後開始像一位伴侶治療師說的那樣「流彈四射」，或者我可能會沉默並退縮。

但問題是，批評和回饋是工作生活的一部分，迴避不是好的策略。了解自己需要改進的地方是健康而必要的，當你有一位上司、教練或導師來幫助你確認這些環節並教你如何變得更好，無異是一大福氣。每個人都會在事業生涯中給予和接受回饋，如果你處理不來，你就無法領導。

幸運的是，學習接受回饋是一種技能，而我們可以練習並加以改善。同樣地，**提供**有益的回饋也是可以學習的基本工作技能，而且很諷刺的是，由於焦慮可以加深我們的同理心，那些實在很難接受批評或深受冒牌者症候群困擾的焦慮的成功者們，往往也最擅長提供充滿同情心、確實可行的意見，以及發現並支援飽受冒牌貨情緒困擾的團隊成員。

真誠有效的查勤

第七章介紹過，英國城市心理健康聯盟負責人波比．賈曼有一種極其簡單的方法，可供管理者用來在提供回饋之前幫助員工減輕焦慮負擔：定期和你的直屬手下進行一對一交流，並在每次會議開始時問候他們的狀況。「如果你狀況不佳，那麼談論你的計畫、你的目標和業務標的，都將變得毫無意義。」賈曼說。

她說得一點沒錯。當人被焦慮支配，就無法專注於上司說了什麼；而對員工表現出持續、真誠的關心可以建立信任，顯示他們受到重視，需求被聆聽。這能降低整體的焦慮，大幅消除焦慮的員工在回饋會議之前可能感受到的恐懼。

但事情是這樣的：當你提問，你必須全心投入等待答案。人們很容易對查勤的價值持懷疑態度，一位同事向我指出，他的上司會提出查勤時該問的所有問題，然後一邊不停地查看手機和電子郵件，甚至中斷查勤去回電話。如果你要向直屬手下或同事查勤，請先讓自己靜下心來——你準備好傾聽了嗎？還是你自己的領導焦慮會阻礙了你同事的回答？查勤最好是頻繁而且感覺像小事一樁，當查勤感覺像大事臨頭，焦慮就可能飆升。

只要運用得當，良好、頻繁的查勤可以建立信任。賈曼這個簡單有效的實務太成功了，因而成為她的組織以及她擔任顧問的幾家律師事務所和公司的標準作業程序。能考慮到抑鬱和焦慮容易讓人變得孤立，也難怪真誠的查勤可以產生如此大的影響。

對回饋的持續需求

我很不想說破，不過隨著你越來越成功，你可能需要更常尋求批評性的意見回饋。研究發現，管理者擁有的經驗和權力越多，他們對領導效能的評估就越不準確，也越有可能高估自己的技能和才幹。

為什麼會這樣？研究人員有兩個假設：首先，高階領導者的上級能提供他們坦率意見的人實在太少了；其次，領導者掌握的權力越大，人們就越無法自在地給他們意見，擔心會危及自己的事業。商學教授詹姆斯·奧圖爾（James O'Toole）補充說，隨著領導者權力的增長，他們傾聽的意願會減弱，要麼因為他們自認懂得比員工多，要麼因為他們擔心尋求回饋是有代價的——通常會被視為軟弱。

諷刺的是，那些願意尋求並接納批評性意見回饋的領導者，往往也是最有效能的領導者。在一項針對五萬一千多名受測者的調查中，被評為「非常不善於要求回饋，並根據回饋採取行動」的領導者也被評為整體效率較差；另一方面，那些在徵求回饋和根據回饋採取行動方面得分最高的人，也被評為效率最高。為什麼意見回饋會讓我們成為更好的領導者，而迴避回饋會降低我們的效率？根據那些研究人員的說法，「那些抗拒回饋的領導者常根據自己內心的臆測（通常是錯誤的）作出改變，或者根本不作任何改變。」

這個結論吸引了我的注意。另一個經常有著錯誤臆測的群體是什麼？患有不受控的焦慮和抑鬱的人。

當然，並不是每個有著錯誤臆測的人都患有焦慮或抑鬱，不過還是要考慮一個連結。眾所周知，不受控的焦慮和抑鬱的聲音是不可靠的，它會告訴我們：我們不該冒險；我們不適合成為領導者；我們應該保持低調苟安；我們是隨時會被揭穿的騙子，根本用不著尋求改進，甚至連試都不必試。

這些都是負面自我對話的例子，或者借用該調查的語言，它們是**錯誤的內在臆測**（wrong internal assumption），用我喜歡的說法，這是焦慮排出的一堆垃圾。當然，從某種意義上看，焦慮是試圖讓你遠離火線，但不受控的焦慮經常誤判威脅的程度。它也很無奈，因此別讓它阻止你尋求有可能激發你向上提升的意見，也不要讓它迷惑你導致無所作為。

焦慮專家愛麗絲．博耶斯提供了幾種方法，可以讓尋求、接受意見變得容易一些。首先是關於提供意見的是誰，她說：「從那些認為你有才幹、認為你很稱職的人那裡，獲得建設性回饋的可能性會大得多。」換句話說，就是信任你的才幹和能力，同時**你**也信任他的意見和觀察的人。如果你的上司不符合要求，你仍然得聽取他的意見並面對它，這時你更有理由尋找**真正**符合條件的人，無論是高管教練、可靠的同事還是你所在行業的同事。

接著要考慮最適合你的回饋形式。例如，「如果你以書面形式獲得回饋，而不是當場被告知，將會減少很多防備心。」博耶斯說。如此一來，你無需馬上回覆，並且可以在私底下慢慢消化意見。和上司正式坐下來談會不會太容易激起焦慮？那就看看是否能打電話。另一個方法是調整你收到的回饋數量。假如你正透過問卷或線上評級系統徵求活動後的意見回饋，不妨限制受訪者的數量。「與其讓一百個人做問卷，我可能會讓五個人先做然後加以消化，」博耶斯說：「或者和上司進行的一小時會談太久了？看能不能把它分成兩次半小時的會談。」

此外博耶斯說，要記住，有時意見回饋其實沒那麼有幫助。「想想這麼一個事實，即使是一個真正有用的回饋者，他的意見可能也只有八成是正確的，」她說：「明白你不需要接受每一則回饋——你可以不同意或優先處理。」

焦慮和冒牌者症候群

冒牌者症候群（impostor syndrome，又稱為 impostor phenomenon 冒牌者現象，學術圈較常用）於一九七〇年代由心理學者兼研究者克蘭斯（Pauline Rose Clance）和艾姆斯（Suzanne Imes）首次提出。她們調查了一百五十多位極成功的女性，她們以卓越成就聞名，但仍然被「冒名頂替的感覺」困擾。「儘管她們獲得了學位、學術榮譽、標準化測驗的高成就、同事和權威單位的讚揚和專業認可，但這些女性並未體驗到內在的成功感，」研究人員表示。「（她們）堅信自己並不聰明，事實上，她們自認愚弄了所有認為她們很聰明的人。」

這項研究的受測者將自己的成功歸因於運氣、努力（而不是內在能力）或錯誤（有人錯誤地挑選她們來從事工作或獲得榮譽）。克蘭斯和艾姆斯得出結論（她們的語氣想必既沮喪又哀傷吧）：「這些女性想方設法，否定一切違背她們自認其實並不聰明的、信念上的外在證據。」

冒牌者症候群專家麗莎和理查・歐貝－奧斯汀（Lisa/Richard Orbé-Austin）夫婦評論這項研究時說，這些女性「用努力工作和勤奮來掩蓋她們自認的不足」，她們進入了一種如圖10－1（見第266頁）所示的迴圈。

接收讚揚會暫時感覺好一些，但一旦良好感覺消退，這些女性又會開始擔心自己的智慧或表現能力。「在這個迴圈中，成功經驗並沒有內化，」歐貝－奧斯汀夫婦指出。「這些成就沒被當作是她們身分認同的一部分，也沒被賦予太多價值，因此下次她們作出表現時，就好像之前的成就從未存在過一樣。於是，循環又開始了。」

冒牌者症候群不單是女性的體驗，男性也同樣會有，而你可能正受困於冒牌者症候群的一些跡象包括：

圖 10 － 1

冒牌者症候群

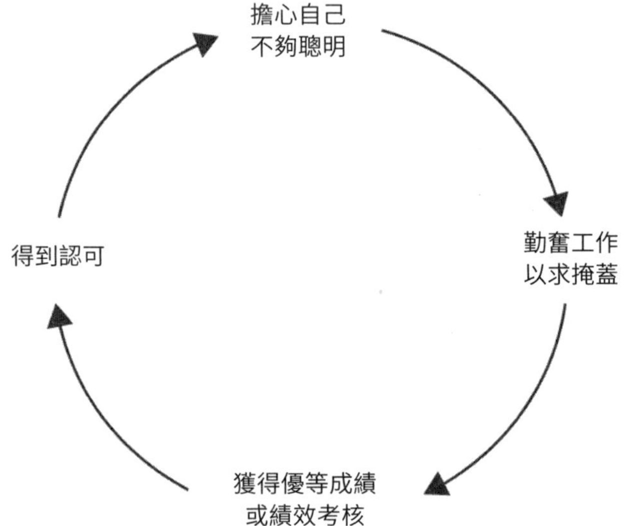

Source: Lisa and Richard Orbé-Austin, *Own Your Greatness* (Berkeley, CA: Ulysses Press, 2020).

- 你進入了圖10－1所示的冒牌者迴圈。
- 你否定自己的能力，並把自己的成功歸因於運氣、錯誤、過勞或人際關係。
- 你漠視讚美，對成功感到內疚。
- 你害怕失敗和被人揭穿是騙子。
- 你不覺得自己聰明（即使各種測驗或績效顯示你是）。
- 你有焦慮、自尊問題、抑鬱和內在標準帶來的挫敗感。
- 你受到完美主義的困擾。
- 你高估別人，低估自己。
- 你體驗不到內在的成功感。
- 你拚命工作、自我破壞以掩蓋不足的感覺。
- 你擔心自己辜負他人的期待。
- 你為自己設下極具挑戰性的目標，一旦達不到目標便會感到失望。
- 你是一個成就卓越的人。
- 你蓄意阻撓自己的成功。

冒牌者症候群的定義不一，部分因為它並不是公認的精神疾病。然而，它的核心要素顯現在美國心理學會的描述中：「在這種情況下，成就卓著的成功人士反常地認為自己是個騙子，而且最終會失敗，並被揭穿無能的真面目。」

雖然乍看之下似乎不合常理，但許多焦慮領導者隨著事業不斷成長，越來越成功，往往也會有**更多**的冒牌者症候群體驗。每一次升遷、榮譽、成就或事業變動，都會給他們一個新的機會來懷疑自己，這是因為冒牌者症候群讓人無法內化、保有自己的成功。

珍奈特．卡普倫（Jeannette Kaplun）是一位獲獎記者和網路名人，擁有超過二十年電視、廣播工作，以及數位媒體公司的創立經驗。一九九九年，她參與創建了 Todobebé，一個針對來自西班牙語國家主婦的資源網站；並於二〇一二年推出 Hispana Global，一個為西班牙裔女性服務的雙語平臺，目前擔任該網站的執行長。「焦慮的問題在於它和冒牌者症候群密切相關，」她告訴我。「你覺得你對自己做的事一無所知，你開始懷疑自己。如果你開始向太多人尋求建議，你會變得很困惑，事實上你會變得非常散漫，這在你創業之初絕不是好事。」

我想很多焦慮的人會很有共鳴。當冒牌者症候群讓我們懷疑自己的能力或信心，我們會開始向其他人「借」這些東西（透過尋求他們的認可、建議和保證），也是可以理解的。雖然其他人的意見（和回饋！）有時無疑是恰當的，但卡普倫準確指出的是，當冒牌者症候群和懷疑悄悄潛入，讓我們忙著徵求他人的意見時，我們可能會在一大堆的建議中迷失方向。

那麼，我們該如何重新定下心來，找回我們的直覺與願景？我們該如何提醒自己，「喂，等等——這一切都是靠我自己努力得來的！我知道該怎麼做。」

首先，卡普倫說，你要學會辨識你的焦慮症狀，你要知道你的焦慮是如何**開始**表現出來的，這樣你才能在它占據你的心思和情緒之前處理它。卡普倫的健康應對機制是呼吸練習，寫下她的感受（一種把焦慮外部化的好方法），並建立優先順序和每日時程表，避免不知所措。

至於冒牌者症候群，要告訴自己真相。你要提醒自己，「你能取得現在的成就是有原因的，」她說：「你做了這些事，還以別人沒有的方式和人們產生連結，是有原因的……回到你了解的、你所做的事情上。你對他人的影響可能會幫助你定下心來，同時了解到，『知道嗎？我得跟著我的直覺走。』」

行為科學家兼顧問坦雅・塔爾（Tanya Tarr）建議將自己的冒牌者症候群的聲音擬人化，她稱它是她的「內在破壞者」。有趣的是，她將內在破壞者和內在判官區分開來，因為她說，有益的批評有它的重要性；另一方面，內在破壞者「試圖扼殺你的動力」，將那個聲音擬人化可以幫助你了解到誰在說那些話，那聲音是哪裡來的（通常是你過去的某個好批判的人），而且最重要的是，要把那聲音和你自己的聲音區分開來。塔爾說，當你能識別出你的內在破壞者的聲音，說出那人的名字時，「就能要他閉嘴。」

和卡普倫一樣，塔爾建議你盤點一下自己的成績，提醒自己有哪些成就。她告訴我：「對冒牌者症候群的抗衡力是真實的自信和真正的自豪。」如果和許多焦慮的人一樣，你覺得很難確定自己的成就，或者你因為害怕顯得自大而迴避它，塔爾提供了三個實用的對策。

首先，找人問。從你的工作或個人生活中尋找你信任的、能提供客觀意見的人，要求他們幫助你找出你擅長的事。

其次，保存這份剪輯檔案。這是新聞業的標準做法，它只是你發表的文章的集合。那麼，你的剪輯檔案是什麼樣子呢？攝影師、藝術家和設計師會保存作品集，有些人在簡歷中保留了最新的成就清單，其他人則在自己的網站上展示他們最喜歡的作品。我有一個 Google 雲端硬碟資料夾，裡頭包含了我最喜歡的工作實例。不管是什麼，那都是你的各種成就的客觀證據。

第三，保留每一封包含正面回饋的 email。每當你開始懷疑自己，回頭溫習一下這些郵件，你會發現一系列附有時間標記的外在認證。

如果我的冒牌者症候群根本與我無關？

許多評論者指出，冒牌者症候群可能更多是來自我們工作的體系，而非我們自己。作家兼職場公平專家圖西恩（Ruchika Tulshyan）和布雷（Jodi-Ann Burey）指出，冒牌者症候群的主要概念是「把責任歸咎於個人」，而且「在職場形成一種相當普遍的不安、猜疑和輕度焦慮的感覺，並把它病態化，尤其對女性而言。」冒牌者症候群的傳統觀念暗指需要修正的是**工作者**，而非我們工作的場所。

雖然不是每個在職場遭到歧視或壓迫的人都會經歷冒牌者症候群，但有證據顯示，代表性不足的員工，如女性和有色人種，會特別容易受到職場引起的冒牌貨情緒的影響。圖西恩和布雷指出，冒牌者症候群一開始被研究時，研究人員並未考慮到系統性種族歧視、階級歧視、排外心理和其他偏見的影響。但他們說，如今我們知道，自我懷疑和白人男性主導的職場中的無歸屬感，在有色人種女性身上往往尤其明顯，因為她們會接收到各種若有似無的訊息。結果是，對有色人種女性來說，普通而自然的不確定感和自我懷疑，「在長期和系統性偏見、種族歧視對抗下被放大了。」

麗莎・歐貝－奧斯汀指出，雖然有害和歧視性的職場可能引發冒牌者症候群，但研究顯示，它的源頭通常是一些導致個人不優先考慮自己的童年經歷和家庭互動關係。例如，如果你從小的家庭生活是以滿足他人需求為重心，你將會對投入自己的需求、內化自己的成就這種事感到陌生。儘管如此，歐貝－奧斯汀同意有害和歧視性的工作場所會讓冒牌者症候群更難克服，例如，壓迫性的職場甚至整個體系可能導致她們認為，「也許妳是因為多元共融計畫才進來的；也許妳還不夠優秀。」

無論你的冒牌貨感覺可以追溯到童年還是之後的某一段負面人生經歷，顯然，某些環境會觸發它們、加劇它們，使它們更難克服。全球研究冒牌者現象的權威專家凱文・科克利（Kevin Cokley）說，高壓力和競爭激烈的環境「經常成為冒牌貨感覺的孵化器」。圖西恩和布雷指出，冒牌者症候群「在一些重視個人主義和過勞的、充滿偏見而有害的文化中尤為普遍」，歐貝－奧斯汀則強調必須對抗這種職場文化，因為這些組織實際上會從員工當中的冒牌貨現象中**受益**。怎麼說呢？因為那些受到冒牌貨情緒困擾的員工會更加努力工作，並尋求外部意見的認可——包括那些在有意或無意中，成為組織有害文化一部分的、他們的上司。

希拉里（Hilary）是某個腫瘤學協會的行銷和傳播高級主管（應她要求使用假名並隱藏其公司名稱），我在收到她從 LinkedIn 發來的一則特別的訊息後和她取得了聯繫：「冒牌者症候群正是我一直待在目前這個工作上的原因。我人手不足、超時工作、累得半死，我在七年內升遷了三次，但我不確定是否該離開，找個更好的差事，因為我怕被發現是個徹頭徹尾的騙子。我不可能是唯一的一個，但有時感覺就是如此！」

希拉里是冒牌者症候群的教科書級案例。請注意，她在七年內升遷了三次（目前她是高級主管），但她仍然擔心未來的僱主會發現她是門外漢。不僅如此，她和許多受困於冒牌貨情緒的人一樣長期過勞——正如歐貝－奧斯汀的警告，她的組織非常樂意讓她維持現狀。由於員工流動和職位空缺，希拉里一直在應付四個不同職位和五十多個工作專案。當她向工資部門查詢她在二〇二一年的工作量時，她發現她的加班時數高達四百五十小時以上。

和希拉里聊天時，我發現顯然她的組織本身就有一點受困於冒牌者症候群。它並非該領域首屈一指的醫學協會，這是集體焦慮和羞恥的根源，而這使得希拉里在傳播和行銷方面的工作格外艱難。「我不想這麼說，但這很像處在一段糟糕的關係中，」她說：「有時你會忘記什麼是正常。必須脫離那個情境才能真正看清楚，了解別人的生活方式，因為我確信不是每個人的生活都是這樣的。但是你深陷在自己的生活、在日常瑣事當中，只是苟活著。」

希拉里的組織顯然是功能失調的，而她已經在裡頭待了很長時間，以致把這種功能失調內化了。她知道自己必須離開，但她的冒牌者症候群把她困住——而她的組織正在收割好處。

當冒牌者症候群助長野心

研究人員已經確定了對冒牌者症候群的兩種首要反應。一種是拖延路線，對欺詐感的一種自我破壞反應。由於擔心自己不會成功，這些工作者常將任務推遲到最後一刻，一旦成功，他們會把它貶為僥倖或運氣好。另一種是過度準備路線，這些人是超成就（overachieve）、過勞和功能過度的工作者。

科克利（Cokley）描述了他自己的冒牌貨感覺如何促使他過度準備，儘管他已研究這議題多年，在著名期刊上發表許多研究報告，並就冒牌者現象進行了「幾十、百來次」的演講，但他看待每一次演講，都當作從來沒做過一樣，並花費大量時間準備。「我不希望人家聽到我說話，心想『真是外行充內行』，所以我真的很努力準備！」他如此坦承地說。過度準備者在每一項任務上都加倍努力，即使和科克利一樣，面對的是他們熟得不能再熟的問題或過程。

這兩種路線都可能損害幸福感，正如我們在希拉里身上看到的，過度準備路線會導致疲乏和精力耗竭。但毫無疑問，過度準備的人往往非常成功，並受到他們團隊和組織的高度重視。

我能認同這個群體。和許多焦慮的成功者一樣，對於被發現不稱職或不夠格的恐懼助長了我的野心，以及超成就、過勞和追求難以企及的完美目標的傾向。我的 Podcast 的原始標題是「焦慮的野心」（Anxious Ambition），老實說我不認為我能把這兩個字拆開來。有時我在想，要不是我這麼焦慮，我還會有野心嗎？還是我會變得**安分**？我會停下來欣賞各種事物，而不會老是擔心下一個轉角會出現什麼狀況？我會不會滿足於（啊，奇蹟中的奇蹟）**原來的自己**？

如今我了解到的是，我的野心一直和焦慮有關，而且也成了一種壞習慣。換句話說，我進入了冒牌者迴圈：焦慮轉變成對冒牌者症候群的擔憂和感覺，這些感覺以工作過度、超成就的形式轉化為行動。然後我因為這個行動而得到獎賞，因此我想：**嗯，這做法對我肯定有些用處**。於是我繼續下去。

社群媒體創業家吉兒・強生・派蒂（Jyl Johnson Pattee）在看到我關於冒牌者症候群的 LinkedIn 貼文時聯繫了我，她的故事引人入勝，因為她和她口中的「冒牌者症候群先生」的長期搏鬥，激發了她的雄心和建立成功企業的動力。

派蒂說，冒牌者症候群一直伴隨著她的整個事業生涯，但在二〇〇〇年代後期，當二〇〇八年的經濟大蕭條破壞了她的計畫之後，達到狂熱的程度。當時，派蒂在辭去公司工作之後九個月成為兩個年幼孩子的全職母親，接著她的丈夫在二〇〇九年四月被解僱。在「沒有積蓄、沒有備用計畫」，她的丈夫又因為找不到工作而患上嚴重抑鬱症的情況下，派蒂覺得她有責任擔起家庭生計。之前她一直在 Twitter 節目上主持現場活動，「只為了滿足我的外向性格」，她的丈夫建議她試著在節目中做一些業配銷售。

派蒂的回應？「行得通才怪呢！我曾在 FranklinCovey 領導力公司擔任教學設計師和專案經理，從事軟實力培訓近十年，」她說：「但我對銷售了解多少？況且，我要賣給誰？我該說什麼？我能承諾什麼？當時追蹤工具都還沒上市，我要如何證明成果？」

但結果證明，派蒂非常精於銷售，她進入市場的時機也恰到好處：她很快得到多位客戶，並在兩個月內擁有一家運作成熟的網紅行銷經紀公司。「我們的業務量大到忙不過來，」她說：「而我甚至都還沒設網站呢！……所以，雖說我仍然有冒牌者症候群，但我根本沒空理它。」

隨著業務的建立和銷路持續升高，派蒂的冒牌貨感覺又回來了。「我會把我所有的成功歸功於運氣……我絕不居功，」她說：「我每天醒來，都懷疑人們會不會就在這天發現我之前沒有公關或數位媒體經驗——這一切實際上是我編造的，也就是說：我是個騙子。」在別人眼中，她看來「超級自信」，甚至有些人覺得她令人生畏。「但是他們究竟為什麼會對一個顯然在造假，而且分分秒秒都在造假的人有（這種）感覺呢？」派蒂說：「一加一竟然不等於二！」

派蒂告訴我，每當她一空下來，恐懼就將她包圍，但這種恐懼是讓她堅持下去的原因之一。我認為這種情況經常發生，尤其當我們不是來自富裕家庭，覺得一切都得靠自己，或者當我們天生焦慮時。在這兩種情況下，錯誤的代價似乎無比高昂，因此我們只能不斷催促自己繼續往前。

即使到了今天，派蒂已經擁有穩固事業和數十年成就，她仍然受困於冒牌者症候群。最近，當她和一位顧問合作更新她的個人簡歷，她「難以相信」她的簡歷帶來的衝擊。「我突然明白冒牌者症候群先生是如何騙我的，」她說：「證據全在紙上。我確實完成了一、兩件事——甚至更多！對我來說這無疑是一大警鐘，讓我了解到我們賦予思想和信念的力量有多可怕。」

儘管對於被「揭穿」和失去事業的恐懼大大激發了她追求成功的動力，但這是有代價的。「屈從於冒牌者症候群先生最不利的一點是，當你真心相信它的時候，」她說：「你感覺自己很渺小，不夠格，非常害怕。多年來我一直生活在恐懼中，提心吊膽等著最後結果，以為我們最終會流落街頭，無家可歸。對我來說這極有可能發生，因為『事實』擺在眼前，我根本不是人們認為的那個人。」

派蒂完美描述了許多焦慮的成功者的經歷：無論我們累積了多少年經驗、贏得多少讚譽或賺了多少錢，我們始終在努力克服一種感覺，就是我們的成功是出於錯誤得來的，它隨時都可能被奪走。這種恐懼可以推動成就，但我們需要護欄和健康的因應機制，來確保它不會讓我們付出過高的代價。

對派蒂來說，冒牌者症候群先生在她身上激發的恐懼反制力是「韌性」和「勇氣」，她認為這是她的超能力。「接納全部的自己能賦予你力量，」她說：「即使在恐懼中也真實展現自己，讓我能夠不受制於冒牌者症候群先生，且實際上達成了許多預期的成果。」

透過拆引信來應對恐懼

再怎麼聰明、優秀、成功的人也偶爾會收到不太動聽的負面回饋。我們會犯錯、沒達成業務目標、沒達到理想、誤判，或未能妥善處理各種狀況，人生原本如此，事情就是會發生。但顯然，相當多的頂尖成功人士將繼續和冒牌貨的感覺搏鬥，無論他們的成就有多高。那麼，我們該如何管理我們對意見回饋的焦慮，讓自己不會忽略這項領導力的關鍵要素？我們又該如何管理自己的冒牌者症候群的感覺，讓自己的工作表現不會被削弱，且不會為了證明我們的價值而把自己弄得疲憊不堪？

當然，這是相當高的要求，我得第一個承認我仍然有很長的路要走。但我發現，「接納與承諾療法」（Acceptance and Commitment Therapy，ACT）提供了一個強大的框架，它甚至能管理我最大的焦慮感和最有害的負面自我對話，包括我對回饋的恐懼和冒牌貨的感覺——兩者都根深柢固。ACT教我們不要和焦慮情緒和負面念頭**熔接**（fuse）在一起，而是要**拆解引信**（defuse）並和它們保持距離。從拆引信狀態來看，我們可以：

- 從外在觀察的角度來看待自己的念頭。
- 留意念頭本身，而不陷入其中。
- 讓各種念頭來來去去，而不要固守不放，任它們支配我們的行動。

這是ACT極具革命性的地方：不是試圖改變、消除、對抗或抵制我們的艱困想法和感受，而是努力改變我們和它們的**關係**。

首先要了解的一件事情是，想法就只是想法，是短暫、變化無常的，一旦明白這點，我們就會了解到我們不需要太把自己的各種想法和負面自我對話當一回事。我們不必相信它們的內容，讓它們支配我們的行為，或者讓它們劫持我們的情緒和自信。如你所見，ACT不太重視思維，這也是我非常喜歡它的原因之一！

ACT專家羅斯．哈里斯說，在他生命的早期，每當他犯錯，無論多麼微不足道，他的冒牌者症候群就會出現，而且總是以這個念頭的形式呈現：「我真無能。」

「我會非常沮喪，相信這想法是絕對真理。」他寫道。這是ACT熔接概念的完美例證：當你與一個想法熔接在一起，事實就不重要了。哈里斯提到，有時他會試圖和「我真無能」的想法爭論，指出每個人都會犯錯，他犯過的錯都不算嚴重，而且他仍然把工作做得很好。在其他時候，他會回顧自己的成就清單，或提醒自己他接收過的正面回饋。他甚至試圖透過重播對自己能力的正面肯定，來反駁他的負面自我對話。

這些都不起作用，直到他學會拆解自己的想法，他了解到「我真無能」的說法只是一種自動出現的心理反應，和他一整天腦中閃過的成千上萬個其他念頭沒什麼不同。他說，想法不構成問題，只要我們看清楚它們的本質：只是幾個突然在你腦中迸現的字眼。

如果你發現你和一些關於回饋、批評或被拆穿是騙子的負面想法熔接了，請嘗試哈里斯的一個拆解技巧。重點是我們可以讓自己擺脫或拆除那些將我們困住的負面想法，只要我們學會不那麼認真看待它們。以下是四種著名的ACT技巧：

使用「我是香蕉」手法

找出那些容易反覆誘你上鉤的負面想法（例如，「我無能」），然後用「我是香蕉」取代它。這讓你感覺如何？傻氣？當然。但「我是香蕉」是否像「我很無能」那麼真實？當然不是！在你第一百次用「我是香蕉」置換「我無能」之後，你的冒牌貨感覺會不會變得不那麼傷人了？極有可能。

唱出你的負面想法

用「生日快樂」歌的旋律唱出你的負面想法，可以在心中唱或大聲唱出來。運作機制是一樣的：「我真是個白癡」聽來很痛苦，而且會破壞行動……直到你用傻氣的方式唱出它來。

給它一個角色

用卡通人物、電影明星、你喜歡的電視節目或迷因影片中的角色的聲音，重複你的負面想法。想快速消除對沒有歸屬感的恐懼？用巨蟒劇團[38]成員的聲音對自己重複「你是局外人」；或者使用第五章中安德魯・索托馬約爾教我們的技巧，想像花栗鼠說出你的負面想法。當你聽了幾十次花栗鼠阿文的聲音說出的，「你永遠是局外人！」之後，它便失去它的刺激性了。

給負面想法添加視覺效果

在電腦螢幕上用大大的粗體字打出你的負面想法：「我是失敗者。」然後開始玩這行字：增加字體級數，把它全部改成大寫，用你能找到的最浮誇的字體來表現它，把字母變成彩虹色，加上底線。讓整行字上下跳動、搖擺或舞動（或只是想像那畫面），讓（或想像）一顆迪斯可球[39]在每個單字上彈跳。同理，你再升高荒謬因素，這會立即讓你不那麼認真地看待你的想法。

哈里斯說，這些練習儘管傻氣，卻很有效，因為它們能幫助你擺脫負面想法，看到它們的本質：只是你腦中的文字和圖片。然後，你便有了更多回應的方式可選擇。

如果你能拆解消極、局限性的想法，就可以脫離這種負面的內在體驗，減少它對你的行為的影響。你不需要對抗這些想法或者因為有這些想法而難過，你只要接受它們的存在，然後溫柔地、帶著自我同理地開始改變你和它們的關係。

然後繼續你的生活。

38 編註：Monty Python，英國的一個超現實幽默表演團體。

39 編註：Disco ball，一種將鏡子固定成球形的一種裝飾品，這種裝飾品可將指向它的光反射到多個方向而產生多個隨著球旋轉而移動的光點，形成複雜的視覺效果。

11 社交焦慮

亞文・拉詹（Arvind Rajan）在鳳凰城的酒店房間內打開行李，這位科技公司執行長剛飛越大半個國家，打算在週末產業會議上和一些同行混熟些。可是當他準備前往開幕雞尾酒交誼會時，焦慮將他籠罩。他參加了活動，但很快感到不知所措，十分鐘後就離開了。拉詹簡直無法想像未來兩天要和這些人交際閒聊，於是他重新打包行李，衝向機場，飛回華盛頓特區。他羞於把這次出差向公司報公帳，於是自掏腰包支付了費用。

多年後，拉詹能夠對這件事一笑置之，然而他害怕和不認識的人會面、交際可不是一件小事。相反地，這使他在工作的一個重要面向的效率降低，也就是建立並維護和產業要角的廣泛交際網絡。接下來幾年裡，他強迫自己參加人脈拓展活動，表面上他非常成功。但是，需要他在場內四處走動閒聊的場合總讓他極度焦慮，手心冒汗，而且覺得自己是失敗的領導者。直到他理解、接受了自己的社交焦慮，並掌握了其他連結、建立專業人脈的方式，他的內在不安減輕了，且逐漸發展成一位內外兼具的領導者。

相信許多人都能理解拉詹面對恐懼時的衝動反應，以及他由此產生的羞恥感。我也曾經讓社交焦慮阻撓我去做我該做的事，那些事件讓我既尷尬又羞愧。但所幸拉詹和我並不孤單，有太多雄心勃勃的人受困於社交焦慮，包括那些因為工作需要而成為關注焦點的名人。

五屆美國國家籃球協會全明星凱文・洛夫（Kevin Love）幫助克利夫蘭騎士隊連續四年進入NBA總決賽，包括二〇一六年冠軍賽，同時他也是奧運會金牌得主。洛夫坦率談到他對抗抑鬱和社交焦慮的經驗。顯然，心理疾病並未阻止他登上成功顛峰，但有時它會影響他的表現，在幕後令他痛苦不堪。二〇一七年，他在球場上有了一次廣為人知的恐慌發作，並表示在最低潮的時候，他的社交焦慮嚴重到了讓他無法離開臥房。

洛夫和我談到他不僅身為一個對抗社交焦慮的名人，同時又是一個被期待戰無不勝的明星球員兩者間的不協調。「身為運動員，我們被視為超級英雄，」他說：「我知道，因為從小到大我看遍了查爾斯・巴克利[40]或俠客・歐尼爾[41]這類超

40 編註：Charles Barkley，一九六三～，前美國NBA聯盟的職業籃球運動員，目前擔任電視節目NBA內幕的球評。

級巨星，甚至更早的大鳥伯德[42]、魔術強森[43]和麥可．喬丹[44]……這些傢伙是堅不可摧的，沒有什麼傷得了他們。」

加盟騎士隊之前，洛夫是明尼蘇達灰狼隊的明星球員，但他的焦慮太嚴重，以致沒能好好享受這城市，甚至無法出門。「我有幾個常去的小地方，還有幾家餐館，此外我基本上就只是（把自己）關在公寓或房間裡。」他說。

長久以來，洛夫努力在抑鬱中追求成就，他的身分認同和自我價值主要來自他的表現。如今他接受了焦慮和抑鬱將永遠伴隨著他，透過治療、藥物治療和公開分享他的困境，他學會了維持自己的心理健康同時保持鬥志。「理直氣壯做自己，走進一個地方然後只管做自己——真是一大解放，」他說：「你就只是你自己，要學會更愛自己。」

有害的領導力迷思和刻板印象堅持認為，領導者從來不會有社交焦慮，當然這絕非事實，然而社交焦慮確實可能很怪異，而且難以理解。許多領導人可以站在數千人面前發表動人的主題演講，事後卻寧可躲進浴室而不是和一小群人交際，這是說不通的；有些領導者可以沒事似的向一屋子陌生人推銷業務，和員工交談時卻會不知所措；有些人則可能很喜歡辦公室聚會和社交活動，但一旦上臺就開始恐慌。

如同其他焦慮症狀，社交焦慮的經歷也因人而異，很重要的是要了解為何某些人和工作狀況會觸發你的社交焦慮。很可能，你無法完全避開這些人和狀況——你也不該這麼做。但就像拉詹和洛夫教我們的，你可以學習管理你的社交焦慮，並在你的賽局中有絕佳表現。

社交焦慮、內向與害羞

美國焦慮和抑鬱協會表示，社交焦慮症（Social Anxiety Disorder，又稱社交恐懼症〔Social Phobia〕）的界定特徵是「對於在社交或表現情況下遭到評斷、負面評價或排斥懷有強烈焦慮或恐懼」。有社交焦慮的人害怕被視為不聰明、笨拙、不稱職或無趣，他們也擔心**露出**害怕或笨拙的樣子，因此他們焦慮的外在跡象（如

41 編註：Shaquille Rashaun "Shaq" O'Neal，一九七二～，前美國NBA聯盟的職業籃球運動員及饒舌歌手，目前擔任電視節目NBA內幕的球評及沙加緬度國王的股東之一。

42 編註：Larry Joe Bird，一九五六～，前美國職業籃球運動員，曾擔任印第安那溜馬總教練與總管。

43 編註：Earvin Johnson Jr.（Magic Johnson），一九五九～，前NBA聯盟職業籃球運動員，曾擔任洛杉磯湖人的籃球事務部總裁。

44 編註：Michael Mick Jordan，一九六三～，前NBA聯盟的職業籃球運動員，是NBA歷史上最具影響力的籃球員，被譽為籃球之神。

出汗、顫抖、臉紅、思路混亂或聲音顫抖）會讓他們深感苦惱。種種的不安感會導致許多人乾脆避開社交場合，如果有些場合迴避不了，他們會採取各種應對機制來度過難關，有些非常不健康。

艾倫・亨德里克森（Ellen Hendriksen）是《如何做自己：平息自責、克服社交焦慮》（*How to Be Yourself: Quiet Your Inner Critic and Rise Above Social Anxiety*）一書作者，波士頓大學焦慮與相關障礙研究中心臨床心理醫師。「社交焦慮基本上是一種認為自己有問題的信念，」她告訴我。「而且，除非我們掩蓋、隱藏那個明顯的嚴重缺陷，不然我們一定會被揭露，所有人都會評判、排斥我們。」

亨德里克森解釋說，這種感知可能是基於某個錯誤的假設，或者起因於某種負面經歷，通常來自童年，例如被霸凌或者父母過於嚴苛。她說，無論是什麼原因，我們都會養成這樣一種信念，「我們很蠢，或者笨拙，或者沒人希望我們在場，或者（我們是）失敗者，或者我們的大腦緊緊抓住然後固守數十年不變的東西。」然後我們會竭盡全力隱藏這種感知。「我想強調**感知**（perception）一詞，」亨德里克森說：「因為在社交焦慮中，無論如何展現，它基本上不是真實的。」又來了，那個不可靠的焦慮敘事者的聲音。

這時區分社交焦慮、內向和害羞是很重要的。這些用語有時可以互換使用，它們確實也有一些共同的特徵，但它們不是同一件事。首先，社交焦慮症是一種可診斷的心理健康狀況，而內向和害羞是人格特徵。《精神疾病診斷與統計手冊》（*Diagnostic and Statistical Manual of Mental Disorder*）告訴我們，社交焦慮症的特點是對某些社交場合的持續而明顯的恐懼（因為你認為自己會得到負面評價或公開為難）；與情況不成比例的恐懼或焦慮；恐懼、焦慮或由此產生的干擾你的功能的迴避行為；以及找不到其他原因的恐懼、焦慮或迴避。同時，內向和社交**活力**有關，它描述了那些埋頭於獨處時間的人，因為他們樂在其中，並且在參與群體場合之後需要它來充電。對內向的人來說，獨處是必要的，而對於有社交焦慮的人來說，這是一種自我保護的行為和逃避的手段。另一方面，害羞則是關係到對社會判斷的恐懼，而且它和社交焦慮有許多相同的表現方式——例如尷尬、臉紅、出汗或擔心別人如何看待自己。主要區別在於恐懼的嚴重程度，恐懼對你的功能或生活品質的影響程度，以及你迴避事物的程度。

為什麼這些區別如此重要？首先，你需要知道自己面對的問題，以便尋求正確的協助。社交焦慮症可能會削弱人的力量，如果你將不安感歸咎於極度害羞或內向，很可能得不到治療。此外，如果你想實現卓越，你需要了解自己——你的長處和弱點、你天生適合什麼樣的工作、什麼工作就是不擅長。

正如我們在焦慮症中看到的一般現象，社交焦慮症患者有一些特別擅長的強項和技能。「社交焦慮是一種包裹交易，」亨德里克森告訴我，「它隨附了一些……極好的特質，（例如）盡責、更大的同理心，（和）傾聽的能力。」責任心在職場尤其有價值。它是「負責任、盡職、周全——老闆對員工的所有期待，」她說。「因此有社交焦慮的人往往是明星員工，他們使命必達，表現優異。」同時我們有敏銳的直覺，適度的謹慎（一種三思而後行的心態），以及高度敏銳的社交雷達。如同亨德里克森所說，儘管我們的社交天線太過靈敏，但這讓我們非常善於察言觀色。研究顯示，患有可診斷的社交焦慮症和亞臨床社交焦慮的人往往表現出更高水平的「同理準確度」（empathic accuracy），或者解讀別人的話語、情緒和肢體語言所傳達的線索的能力。

然而問題在於，我們這些有社交焦慮的人有一個對社交線索和細節**過於**敏銳的雷達，尤其如果它們是負面的或可以解釋為負面。儘管不會漏掉任何細節是好事，但一直擔心別人的不贊同或公開排斥，意味著我們對細節的理解未必總是可靠的，別人的皺眉表情實際上可能和我們無關。

卓越的領導者善於眼觀四方，感知他人的暗示，但他們也懂得何時該把一些社交線索放在心上，何時該停下來探索別人的動機，他們不會認為別人的行為都和他們有關。**老闆對我的表現明明很滿意的，為什麼今天早上說話那麼不客氣？**也許他在家裡壓力很大，也或許他剛和某個對他很不客氣的人互動……不管什麼原因，很可能根本與你無關。

那麼，該如何保有同理心，同時拋下被排斥感？透過良好的治療和實踐！現在讓我們學著重新思考領導者的表演者角色。

領導力的表演本質

社交焦慮的奇特之處（它可以在同一人身上以矛盾的方式表現出來）是澳洲喜劇演員喬丹・拉斯科普洛斯（Jordan Raskopoulos）稱作「害羞又聒噪」（shy loud）的東西。我喜歡這個新造詞，這是她從一個社交焦慮的朋友那兒聽來，並在TEDx演說中提出的概念。「我**只**在舞臺上有信心，」她解釋，「如果你在演講後或在街上看到我，你會認為我是個膽小、嘟嘟囔囔的落魄者，或許連話都不會說。」像是和不認識的人聊天、查看電子郵件和打電話這類社交情境讓她非常害怕。她說，像她這樣極度焦慮又具有高功能的人的矛盾在於，在公眾角色中，他們看起來自信、外向而有趣，但在談話時，他們無法進行眼神交流，也無法好好完成對話，所以他們可能會給人留下粗率無禮、冷淡或傲慢的印象。但事實完全相反：「我……實際上非常關心人們的想法、感受和意見，以致我經常被驚呆到無言以對。」拉斯科普洛斯說。

這真是在一個講求圓滑、自發、外向，而非溫柔緩慢、深思熟慮的社交互動的文化中運作的一種糟糕的諷刺。《安靜，就是力量》（*Quiet: The Power of Introverts*）一書作者蘇珊・坎恩（Susan Cain）和她的「安靜革命」（quiet revolution）成功地讓人們注意到內向者的價值和他們獨特的領導天賦，但這只是開始。值得慶幸的是，霸氣十足的 Alpha 型人格[45]的舊模範正逐漸讓位給更具協調性、微妙的領導形式，但領導者必須是一個外向、有人緣或有魅力的社交高手的迷思依然存在。

領導者真的必須善於交際？外向性格真的是高效能的必不可少的條件？絕對不是！我認為在這當中，作為「領導者」的概念以及作為「表演者」的概念被混淆了。

我們得要記住，領導者的主要作用不是娛樂觀眾，而是和他們的團隊進行有效溝通。

成為一個好的溝通者不同於成為一名演說家或表演者，也不同於娛樂或吸引人。領導力所需的溝通技巧包括能夠以人們能理解、並為他們帶來激勵的方式清楚表達想法和指示，這些技能要求你用心傾聽、處理訊息然後作出回應。當然，重要的是和你一起工作的人在一定程度上樂於和你交談。但同樣地，它所需要的各種技能和能夠對他們施展魅力是不同的。

並不是說領導工作沒有公開表演的**面向**。但是，讓我們認清一點：我們多半不會靠專業演講為生，也不會經常對觀眾發表演說，更常有的情況是：我們必須對著董事會、團隊和客戶說話，而它的必要技能是關於有效溝通，而不是娛樂。考慮到我們必須吸引觀眾的次數相對較少（頂多是主題演講，或在假日辦公室聚會上的簡短談話），許多人對自己的公開演說技巧實在是多慮了。

那麼，如果我們能淡化領導力的公開表演面向，改而專注在有效溝通的需求？無論你是否有社交焦慮，重建你作為**溝通者**而非**表演者**的角色可以大大減輕壓力，而且為不同類型的領導（以及不同類型的領導者）開啟了空間。

實際說來，這意味著投入更多心理能量和時間來磨練自己的溝通技巧，而不必為了（虛假的）娛樂需求而煩惱。關於社交焦慮帶來的溝通困難，有個鮮為人

45 編註：Alpha 型人格常見的特質有：聰明、自信、有企圖心、強勢、不滿足於現況、以數據說話、相信個人直覺、行事果決……等等。

知的秘密：這問題是可以解決的。

例如，如果交際閒聊會觸發你的社交焦慮，你可以光聽不說——向別人提出問題。許多人喜歡談論自己和他們的工作，做個談話的提示者，而不是進行對話的人，可以讓注意力從你身上轉移開來，讓你有機會收集情報。如果主持會議讓你感到焦慮，你需要練習公開說話，讓自己盡可能地清晰而有效；仔細安排會議，好讓自己處於最佳狀態；把說話任務分派給隊友，或提供大量視覺材料來吸引人們的注意力，讓他們不會盯著你看。

社交焦慮是否阻礙了你？

問問自己：我是否迴避了許多真正對我有益的機會？我是否剝奪了自己去嘗試自己真正喜歡的事物的機會？我是否允許自己遭到忽視——因此沒能獲得新職、升遷、在會議上發言的機會？我是否因為孤立而感到孤獨、沮喪？如果是這樣，我對社交場合或被人評斷的恐懼是不是一個因素？

如果你在這些問題中有一個回答是肯定的，我保證有很多人和你一樣。亨德里克森指出，社交焦慮是第三大常見心理障礙，僅次於抑鬱和酗酒。有趣的是，研究認知行為療法和社交焦慮的知名專家之一史蒂芬・霍夫曼（Stefan Hofmann）說，社交焦慮本身不是問題，他告訴我：「一旦你開始逃避，一旦這件事開始干擾你的生活，它才會成為問題。」儘管恐懼本身的感覺很糟，但並不是你的主要障礙，而是由此產生的迴避行為和你對恐懼的反應擾亂了你的生活，危及你的人際關係、工作表現和幸福。

迴避可以透過兩種方式發生。

顯性迴避（overt avoidance）是指我們完全繞過會引發焦慮的情況。在社交焦慮中，這可能意味著我們會待在家裡，或保持沉默，或甚至辭掉工作，或拒絕參與任何需要公眾角色的事務。

隱性迴避（covert avoidance）則是，我們會現身，但沒有充分參與。如同亨德里克森的解釋，「我們可能會對自己的生活守口如瓶。我們不談論自己，或者總是在會議開始時到達，它一結束就離開，省得必須和別人周旋聊天。」其他例子包括避免眼神交流、說話非常輕柔、說話快速（好讓互動快點結束），甚至衣著樸素，避免引起別人的注意。這些安全行為也被稱為**部分迴避**（partial avoidance），也就是透過限制自己和焦慮觸發因子接觸來牽制焦慮。它們能暫時減少焦慮，但長期來看會延長焦慮，因為它們教導你，只有從事這些行為時你才能在社交場合保持安全。

然而，心理諮詢師卡羅琳．葛拉斯指出，還有另一種類型的安全行為實際上很有用，正是因為它幫助我們**不**迴避。例如在皮夾裡放一顆 Lorazepam[46] 以便在必要時使用，可能是平息預期和當前焦慮的好方法。關鍵是你仍然在從事引發焦慮的活動，而不是逃避它。換句話說，你的安全行為讓你能夠繼續朝著目標前進。

另一方面，亨德里克森解釋說，「完全迴避會讓焦慮持續，因為我們將無從知道，其實我們想像的最壞情況不見得會發生，以及其實我們可以處理和同伴互動時發生的各種突發小狀況。」簡言之，這也說明了焦慮的陷阱。我們不會做自己害怕的事，畢竟，誰喜歡害怕的感覺？但迴避只會強化恐懼，每次我們迴避，恐懼就會增大一點，變得更牢固一點。

克服恐懼的最好方法是一點一點地讓自己暴露在恐懼中，這確實會讓我們有機會發現，自己有能力處理正常社交互動中的各種突發小狀況。如果我們完全避開它，我們就剝奪了自己的這個機會，而且有可能變得更孤獨、沮喪，並在專業成長和發展上受到抑制。

然而，中斷迴避和焦慮的迴圈不代表讓自己進入未知的全新境地，但這對超成功者來說或許是一種誘人的前景。當你逐漸開始做一些令人擔心的事，暴露療法（exposure therapy）是最有效的，但必須在有愛心的專家指導下進行。如果過早讓自己暴露在焦慮的觸發因子中，並經歷了挫折（例如恐慌發作或公開丟臉）會很容易覺得自己失敗了，而加劇了恐懼。

溝通專家李・邦維蘇托（Lee Bonvissuto）曾經患有導致虛弱的社交焦慮症，以及她所描述的「很有趣的和呼吸相關的焦慮」，她會感覺自己的心臟就要跳出胸腔、喘不過氣來，怕自己就要沒命了。「它讓我長年虛弱無力，甚至進了急診室，確信自己心臟病發作了。」她說。但當她決定要改善自己，她便朝著她的恐懼飛奔而去，而且真的是用跑的。

「我知道（跑步）會模擬恐慌發作，（因此）我會去跑步，而且迎接（那些感覺），」她說：「我會感覺心臟就要迸出胸口，我會練習一邊說話，我會說：『妳不會死的。』」她練習了無數次，直到適應了心臟怦怦狂跳、喘不過氣來的感覺，而且開始堅定了她能渡過難關的念頭。如今她成為了一名公開演講教練！

46 編註：用來治療焦慮症、失眠、包括癲癇重積狀態在內的積極癲癇發作、酒精戒斷症候群、化療引起的噁心和嘔吐，也用在手術中的保護性失憶，以及機械式呼吸輔助患者的鎮靜劑。

堅守自己的價值觀

接納與承諾療法（ACT）的一個核心觀察是，當人的行為方式和最深刻的價值觀不一致，便可能經歷負面的心理影響，例如焦慮、抑鬱、缺乏自尊和決策效率降低。因此，值得考慮的是，你的社交焦慮是否源於你的行為和價值觀之間的偏差。也許你在社交上如此焦慮的原因是你覺得無法做真正的自己，也許你不想用一種感覺不真誠的方式表演；或者，也許你承擔了某個專案或甚至某種職業是為了努力符合別人的期待，而不是你自己的。

由於很多社交焦慮的驅動，是因為擔心某些根本性的缺陷會被揭露，因此減少社交焦慮最有效的著手點之一，就是將你的期待與願望和他人的期待與願望區分開來。要做到這點，你需要清楚你的價值觀。

在ACT框架中，價值觀被定義為「在你內心深處最重要的東西為何？你想成為什麼樣的人？什麼是對你重大而有意義的？以及你這輩子想主張什麼？」以上種種的自我深刻認識，對於設定自己真正重要的目標、想做的工作，並實踐ACT稱為「承諾行動」（committed action）的目標，是十分必要的。當你的行為和你的價值觀取得一致，雖無法保證你的焦慮感會消失，尤其如果你是天生焦慮，但這種一致性可以防止你進一步產生焦慮；如果你的目標意味著你在短期內必然會焦慮，那麼你的價值觀與根深柢固的信念，將會幫助你渡過難關（想進一步了解自己的價值觀，請參閱「找出並錨定你的核心價值觀」練習）。

釐清自己的價值觀對於因應成為領導者時會面臨的一個極大挑戰——站穩立場——也是必要的，尤其當我們害怕得罪別人或得到負評時，這更是說來容易做起來難。但是，成為你的自我（借用包溫理論的說法，一個**差異化的自我**〔differentiated self〕）可以讓你在不斷變化的世事、不安感和一些奪走我們信心的焦慮引發的不真實想法（「他們認為我是局外人」或「他們會譏笑我的」）中保持穩定。建立一個基於你根深柢固的價值觀的差異化自我，有助於降低社交焦慮的音量，因為你可以更容易看見真相，抗拒被你想像中的人們對你的反應所左右。

根據包溫理論專家凱薩琳．史密斯（Kathleen Smith）的說法，隨著在場的人以及你感知到的別人對你的反應而變化的那個自我部分（換句話說，是可以協商、而非出自你的核心價值觀和信念的那部分）被稱為**偽自我**（pseudo self）。史密斯寫道，當偽自我取得優勢，我們常會試圖透過尋求 4 A（關注〔attention〕、保證〔assurance〕、認可〔approval〕和贊同〔agreement〕）當中的一個來降低焦慮，焦慮的人往往特別容易依賴外在的驗證來增加自信——包溫理論稱為**借用自我**（borrowing self）的行為。如果你有社交焦慮，並堅信別人在嚴厲評斷你，你應該可以看出借用自我和依賴他人認可會帶來什麼問題！

找出並堅守你的核心價值觀

如果你被懷疑所困，且難以和自己的核心價值觀產生連結，請花一點時間來界定幾件事：

- 無論我現在從事什麼工作，對我來說最需要的是什麼？
- 我這輩子想成為什麼樣的人？
- 我主張些什麼？
- 我有哪些完成優秀工作的例子？
- 我如何知道我何時完成了優秀工作？

接著，回顧你的每個答案並問：這真的是我的核心信念？還是其中某些信念和價值觀是我從別人那裡借來的？看你是否能區分什麼是你真正熱愛、珍視的，什麼是根據你感知到的、別人想要和期待的東西篩選來的。(提示：你可以使用4A作為引導，問自己：能夠建立我的核心信念，讓我獲取關注、得到保證、爭取認可或達成協議的東西是什麼？)

一旦穩住自己的核心價值觀和信念，我們便可以在自己身上找到自我價值，並能更容易看到現實，而非猜測每個人在想些什麼。以下是幾個例子：

- 他們認為我是外人並非事實——那只是我的社交焦慮。
- 那麼，如果他們把我當外人該怎麼辦？**我**知道我屬於這裡。
- 他們真的會嘲笑我嗎？十之八九不會。
- 那麼，如果他們真的嘲笑我呢？我會撐住的。
- 那麼，如果我的演講沒有盡全力呢？下次我會做得更好。
- 那麼，如果人家注意到我出汗、臉紅該怎麼辦？
- 我的演說內容和幻燈片很棒，觀眾就是為這個來的。

此外，如果你的自信和平靜感來自他人，就無法保證這些感覺會持續下去；如果有人看似喜歡和你說話，或在你演講後鼓掌，你會感覺還好；如果引用你說話的文章是正面的，沒人在 Twitter 上說你壞話，那麼你會沒事。但是，當你沒得到你期待或想要的讚美時，又會如何？當關注減弱時會如何？或者當你犯錯？當你失敗？

領導力要求你能信任自己，不僅相信你的決策品質，也要相信你的工作品質和領導力，尤其是出狀況的時候。偶發的挫折和錯誤不會把你弄垮，因為你知道你是誰，有什麼本事。堅守信念意味著你可以邁出一大步，你也可以失敗，但不會因此遭受太大痛苦。它意味著你可以靠自己來評估你工作上的功績，而不必坐上依賴別人反應時會出現的雲霄飛車。「我們讓太多的自我價值取決於我們控制不了的變數。」史密斯寫道。

社交焦慮觸發因子和管理你的反應

在事業道路上，有些情況引發的焦慮是任何人都避免不了的。誰在面試、大型提案或談判前不會忐忑不安？但對於有社交焦慮的領導者來說，這些情況很可能讓他們感覺難以招架，甚至難以達成。

可喜的是：只要一點一點讓自己暴露在其中，任何一種艱難的社交情況都是可以克服的。這麼做可以減少恐懼，逐次建立信心，而實際上，你要做的就只是練習。

我們常以為有些人天生就懂得如何發表演說或銷售業務，但這完全不是事實。許多我們認為和成功人士有關的領導技能就只是「隨著時間習得的技能」，那我們為什麼要用不合理的期待來阻撓自己？事實是，我們所有人都需要練習這些技能，而我們這些有社交焦慮症、可能會遇上更大程度困難的人更需要多多練習。

這對患有社交焦慮的朋友們來說，確實是好消息，因為這表示即使是最棘手的恐懼都可以藉由練習加以克服。所以請振作，你一定做得到。

人脈拓展

即使我們沒打算積極找工作或招募新人才，也需要在自己的領域保持活躍，和產業內的同事合作，並掌握最新發展，所有這些都需要一定程度的人脈經營。

但是，如果你容易出現社交焦慮，人際交流可能會感覺像是專程去讓自己難看的，因為整個冒險過程充滿了各種應該：**我應該大大方方現身、我應該更有趣些、我不該覺得這麼難、我不該躲在浴室裡那麼久，或者渴望討論會盡快結束，或者擔心別人怎麼看我……**諷刺的是，當你有社交焦慮，人脈拓展（也就是和他人連結）可能會變成一種完全以自我關注的活動。

職業生涯專家、演說者和《紐約時報》暢銷書作家琳賽．波拉克（Lindsey Pollak）為成千上萬的人，提供了有關如何管理職業轉型和成長的建議，她也是一位一輩子生活在焦慮中的焦慮的成功者。當我向她徵詢關於有社交焦慮的人如何成功駕馭人脈拓展活動的建議時，她的回答令人耳目一新。「我會說，重點是『你必須成為你自己』。」她說：「如果你有社交焦慮，也許性格又內向，那麼我不認為你試圖在討論會中走進大廳，對著一個二十人的群體講笑話會給任何人帶來好處，或者產生正向的結果，我認為這只會帶來災難、不安和缺乏成就。」相反地，她說，要帶著準備理直氣壯做**你自己**（真實、真誠的自己）的心態前往。你不是一個愛社交的外向者，那又如何？「我可不想在一個人們無法接受我的真實面目的地方工作或經營人脈。」波拉克說。

接下來，降低你的期望。這對超成功者來說可能有些違反常理，但接受事情不會是完美的比較健康，也比較實際。如同波拉克的解釋，「如果你走進討論會然後說，『我的目標是和三個人交談，其中兩個互動可能不會太好，所以如果其中一個進展順利，我就贏了。』」它會讓壓力大大降低。如果你和那個你真正想交談的人的互動很平淡，或者全部錯過了，那麼事後再補救也是完全可接受的。「之後給他們發一封精心撰寫的 email，」波拉克建議。「就說，『很抱歉沒有機會在那次活動中找到你。很喜歡你的演講，想要安排一次十五分鐘的 Zoom 通話。』」

如果單獨前往的想法太嚇人，你不必這麼做。「我常建議內向和焦慮的人帶一位朋友。」波拉克說。有社交焦慮的人往往會用負面角度去理解社交互動，或以為自己被品頭論足，其實並沒有，因此，「帶一名幫手（wing person）是非常好的策略。」

在活動當中，盡可能跳脫自己的腦袋，在認知行為療法中，這被稱作「保持外部聚焦」（maintaining an external focus）。你不能相信焦慮的不可靠敘事者的聲音，因此別聽它的！相反地，把注意力轉移到任何外在事物上：你身邊的人、漂亮的場地、精巧的點心或葡萄酒……當人們和你說話時，則要全神貫注地聆聽。如果你必須率先發言，我的朋友，演說教練夏碧拉（Allison Shapira）說，你只需要說「什麼風把你給吹來了？」就這樣！不需要擬一篇得獎感言或苦苦思索。

神經科學家、焦慮專家溫蒂・鈴木（Wendy Suzuki）說，同理心和同情心可以緩衝社交焦慮。環顧一下四周——很可能在場的大多數人也正經歷著程度不等的焦慮或緊張，而你了解那是什麼感覺。那麼，你能不能把你的社交焦慮轉化為對他們的同情？這是把注意力從自己身上轉移到外部事物，同時對他人釋出善意的絕佳辦法。「加強你的社交肌肉，並用它來增進你的人際連結實際上是可能的，而你的焦慮正為你提供線索，讓你知道別人可能會感激你遞出了哪些破冰器和救生索。」鈴木說。

最後，盡可能減少你的負面猜測。我們知道，試圖猜測別人在想什麼是徒勞的，而且焦慮會自動關注、誇大負面的事物。如果你正和某人交談，對方突然告退，別猜想這是因為你很無趣或不重要。這是人脈拓展活動！重點是和許多不同的人交流。要明白，你無法理解別人的動機或讀懂他們的想法，你只需要繼續前進。

面試

對那些有社交焦慮的人來說，面試可能會激發非黑即白的思考、杞人憂天的想像，以及對未來的存在恐懼，而這些都只是預期焦慮！一旦進入面試，你會擔心自己給人的印象，事後你可能會發現自己不斷反思你擔心會出錯的每個細節（Reddit[47]社交焦慮社群稱為「難堪發作」〔Cringe Attacks〕的一個例子）。

通常，最糟的部分就是預期焦慮。當然，期待焦慮的可悲諷刺是，你擔心受怕的事幾乎從來不像你創造的焦慮幻想那麼糟……更別說這種「賽前」焦慮的持續時間，往往遠超過你擔心的事件。預期焦慮會偷走寶貴的時間，讓你充滿挫敗感；它讓你質疑自己，破壞你的自信，並且就在你最需要它的面試情況下；更糟的是，焦慮的杞人憂天思考和「提前擔心」只會滋生更多焦慮，而且它們還會自我延續。

臨床心理學者泰茲（Jenny Taitz）說，我們可以利用「反向行動」策略來打破預期焦慮的迴圈。她還進一步解釋說，與其提前擔憂，不如找出提前**應對**的方法，你可以把提前應對看成「生產性憂慮」。

我使用的一種提前應對策略是多次演練面試的開頭，讓肌肉記憶可以接管，因為我知道最初幾分鐘會是我焦慮最嚴重的時候，也是最可能思路混亂或脫口說出之後會後悔的話的時候。也許你可以練習問候面試官，用來介紹你的公司或背

47 編註：一個全球性的社交媒體平臺，以其廣闊的網絡社群和對熱門話題的討論而聞名。

景的「電梯簡報」[48]；或者解釋你的最新成就、你對新職位充滿熱情的原因，或者你對這份工作的獨特資格。知道自己有話可說可以大大減輕壓力，一旦破冰，面試開始，我就可以放鬆，讓談話自然推進。

泰茲說，另一個練習提前應對的方法是，真實面對你的社交焦慮可能會在面試過程中表現出來的事實，正如她的解釋，「了解到那一刻我會滿腦子想著：**我說得不太好、我表現得不太好、我不像其他人那麼有趣、我屬於這裡嗎？我的冒牌者症候群不只是綜合徵狀，它是真的。**」採取這樣的觀點，可以讓你在這些困難想法和感受出現時不那麼意外，因而可以指出它們只是焦慮感，而不是關於你自己的真實陳述，然後你可以迅速將注意力從內在獨白轉移到面試上。一個公認的好建議是：把所有注意力放在面試官身上。傾聽並專注於另一個人會讓你不再是關注焦點，不再供氧給你的負面自我對話。

接下來，泰茲說，你不僅不該期待在面試中有「完美」表現，更應該接受自己的不完美。「研究支持這點，」她解釋，「社交出錯的人比完美的人更可愛，後者比較令人生畏。」類似研究顯示，偶爾「出紕漏」的人更討喜。「人就是這樣，多麼親切可愛，」泰茨說：「因此，這實際上是我給人們的提示之一：要喜歡自己的失誤。喜歡自己會犯錯，接納它……人們喜歡那種大方現身、傾聽並全心投入的人。」

琳賽．波拉克也有類似說法：如果感覺對了，不妨直接披露自己的焦慮。「大方上前然後說：『我有點緊張，或者有點不善交際，或者有點內向。』」她說：「有時這會消除緊張氣氛，它讓對方作好心理準備，讓你通過難關。」

衝突管理

如果你有社交焦慮，衝突和憤怒等艱難情緒會顯得格外可怕。你可能會擔心，如果你表現出憤怒或不贊同，就會遭到排擠，或者被同事拒絕或懲罰；你可能會覺得有必要討人喜歡或者不引人反感，表現憤怒或不悅會損害你的名聲。讓我們面對現實吧：衝突真的很麻煩！在工作中尤其如此，畢竟職場的效率取決於團隊和同事間的平穩關係。

可是當然，任何群體都偶爾會發生衝突，學會管理衝突是至關重要的商業技能。我們也知道，就像任何引起焦慮的經歷，如果迴避這類狀況，情況只會惡化。

這時，你同樣可以練習用逐步漸進的方式來管理你的焦慮，慢慢升高到高風

48 編註：elevator speech，在有限時間（30～60秒）的場合中，以簡潔有力的方式迅速傳遞個人、產品或是服務資訊，並讓對方想進行後續的談話。

險的情況，衝突和職場動態專家賈洛（Amy Gallo）稱之為「在較受控的空間中練習衝突」。和上司或好鬥的人發生衝突確實很可怕，因此她建議不要拿同事練習。「有沒有讓你感到安心、不會受到你的社交焦慮影響的人際關係，可以讓你試驗一些衝突解決技巧，或者試驗直來直往？」她問。例如，她有個厭惡衝突的朋友用一些小而低風險的方式，和幾個朋友一起練習維護自身的權利。「例如，坦率說出不想去那家餐廳吃晚餐，或者直接表明自己方便打電話的時間。」賈洛說。透過這種方式，你獲得了經驗知識，知道自己可以這麼做，而你最擔心的事並沒有發生。你沒有崩潰，你的朋友仍然喜歡你，他們仍然想和你共進晚餐。

接下來，留意那些善於談判衝突的人，並拿他們的行為作為榜樣。「他們如何為自己辯護？」賈洛說：「他們如何在事態升高時處理事情？有人不同意他們時，他們會怎麼說？緊張局面過後，他們如何讓一群人恢復共識？」

你甚至可以在進入一個明顯會有衝突的情況時，嘗試模仿這位榜樣的行為。賈洛建議，想像自己是一個不怕衝突的人，然後想：**我要在這次談話中成為那個人。**

然後，在談話中嚴格鎖定目標。我們天生希望被喜歡，如果我們有社交焦慮，我們可能會一心期待著會面結束。「可是，你終究會希望被你真正需要的東西，以及獲得它的最佳方式所驅動。」賈洛說。如果你打算從談話中得到一些你真正想要的東西（你應得的加薪、一個讓某個專案圓滿達成的方法、一個得到你關注已久的升遷的明確途徑），相較之下，你感覺到的短暫焦慮根本不值一提，而且非常划算。

最後我問賈洛，萬一衝突局面變得過於激烈，或者像我曾有的狀況，只顧著哭或停止運作，又該怎麼辦？當你方法用盡，該如何專注在當下，努力撐過去？

「說實話，我的最佳建議是**不要**硬撐，」賈洛說。「我們常認為對話必須在當下解決。但如果你的情緒在這情況下占了上風，你哭了或者停止運作了，甚至開始大吼大叫……談話是不會有好結果的。對此我的最佳建議是，你只要說：『我在哭，我現在沒辦法好好談話，我必須以後再談。』」休息一下，也許在街區周圍散散步，甚至先睡一覺，第二天再繼續討論。「尤其如果你正在談判一些高風險的事，要接受這將需要好幾次對話，而且你會在過程中不斷犯錯。」賈洛說。

因此，放自己一馬，給自己一些時間重新整頓。「回去（並且）獲取資源，」賈洛說。「找你信任的同事、可靠的朋友談談；睡個好覺；和你的治療師談談，做所有你需要做的事，然後回過頭去……不妨告訴對方：『我對上次的結果不太滿意，我想重新提出來討論。』或者『我對我們之間的互動不太滿意，我認為我們有必要用不同的方式進行對話。』」

我覺得這是很好的建議：給自己充分時間找回從容自在。就社交焦慮來說，即使是提議另一家餐廳這種低風險的小事也會**感覺**像是不得了的衝突、莫大的威脅。因此，要恭喜自己願意努力去面對巨大的恐懼。

談判

說到談判，研究顯示，焦慮的人傾向於拿出較弱的首次提議，更快地反應對方的每一個舉動，而且更快地退出談判。你可曾在談判桌上吃虧，甚至為了避免焦慮而拒絕談判？這是可以理解的：談判充滿了不確定感，你無法控制結果。當你努力想克服你配不上你想要的東西的感覺，一丁點冒牌者症候群的暗示都會讓它變得更加困難。

坦雅・塔爾是一位行為科學家，專門指導領導者進行有效談判，她提供了以下的有益提醒：所有人都有一定程度的社交焦慮，你實際上會**希望**在談判前有些許焦慮。為什麼？因為中度焦慮是關切的信號，表示你在這一局中承擔了風險，它能幫助你專注，給予你活力。

「焦慮或期待在體內實質上顯示的方式是腎上腺素的激增，」塔爾說：「因此，當我們焦慮或對某事感到興奮，感覺實際上是一樣的。」把焦慮維持在可處理的程度，而且能夠提高表現的關鍵是，「妥當地選擇將自己置於你會感到『焦慮』的情境中，但『訓練』自己以可預測、戰略上對你有利的方式作出反應。」換句話說，塔爾說：「練習、練習、再練習。」尋找小而低風險的機會來尋求你想要的東西，例如休假一天、日程表上的小變動或工作流程的改進；你還可以演練一場談判，但務必選擇一個你信任的、能引發低度焦慮的人，因為它必須有逼真的感覺。

為了幫助緩解焦慮帶來的令人困擾的身體感覺，答案有點違反常理：讓你的身體接地。「在進入談判情況之前，將注意力集中在某個身體部位，以便在談判前靜下心來。」塔爾說。有一次，在等候引導一位政治名人上臺接受採訪時，她停下來調節自己的呼吸，將所有覺察帶往腳底。這種接地技巧是一種「物理駭客」，可以將注意力和能量從你的焦慮心智移開，並帶來對此時此地的一切動靜的平靜覺察。塔爾在講臺上使用了另一種接地技巧，專注於自己的坐姿：臀部緊貼著椅背，脊椎筆直。這是經驗豐富的冥想者使用的典型技巧，也是你可以帶進談判室的。

最後，務必要做市場調查。「你需要針對你的技能和才幹，或你的業務、產品和服務，從商業角度取得一個清晰的理解，」塔爾說：「因為如果你『根據』市場定價，就沒什麼好情緒化的，那是市場的要求。」這是一種可以「完全消除情緒」的資料導向的方式，她解釋說。在商業環境中，「情緒不會驅動決策，獲利能力才能驅動決策。」如果你的冒牌者症候群出現並試圖對你說你沒有價值，你可以給它看數字，然後要它閉嘴。

成為（更）公開的領導者

對焦慮的成功者來說，得到拔擢或褒獎，實際上可能是悲慘而令人困惑的體驗！當然，你自豪又興奮，而且打從心底知道你今日的地位是你應得的。然而，懷疑依然近在眼前。

更大的成功幾乎總是伴隨著更多的公眾關注。那麼，社交焦慮的領導者如何能承擔（甚至變得無比擅長）領導工作中，需要他們表現更多公眾角色的面向？如果有一段時間讓自己重新集中於自己的價值觀和信仰，並能依靠自己，那就是它了！

琳賽．波拉克已發表了兩千多場演講，但每次演講前她仍然感到緊張，事後也常擔心自己說錯話。她告訴我：「在演說圈有一則老笑話：在葬禮上，你會寧願躺在棺材裡，也不願發表悼詞。**可見**大家有多討厭公開演講。」她利用這個認知來發揮自己的優勢。「我知道大多數觀眾都不想上臺，並且很高興不必站在臺上。因此，如果你正在開會而且正在發言，我認為，你會因為知道沒人願意站在那裡而感到些許安慰。」她說。換句話說，觀眾從一開始就站在你這邊，因為他們很高興站在臺上的人是你，而不是他們！

同樣地，波拉克提醒我們，觀眾真的希望你成功——別的不說，光是看著別人掙扎就很不舒服。「絕對沒有比這更糟的了……坐在觀眾席上，臺上的人卻狂冒冷汗，渾身不自在，每說一個字就『呃』一聲，」她說：「因此，我試圖在公開演講課上教授的，以及我試圖加以應用的，是觀眾真的希望你順利。他們支援你，因為他們不想經歷那種過程。」我認為同等重要的是：記住你站在那舞臺上是有原因的。如果不是因為你有珍貴的東西可分享，你不會在那裡。

接著，波拉克建議，「在觀眾中尋找笑臉。我會尋找那些頻頻點頭表示讚賞的人，我強迫自己找到這些人，然後忽略那些在講手機，甚至有點心不在焉的人。這真的很有效，永遠記住他們在為你加油。」

萬一最糟情況發生怎麼辦？萬一我們搞砸了或者說錯話怎麼辦？「我最大的恐懼是我會說錯話，或者說了一些冒犯性的話而不自知，整個職業生涯跟著完蛋。」波拉克承認。這種恐懼並非毫無根據，畢竟在當今的社群媒體時代，一句輕率的言論可以迅速傳播開來。如果真的發生這種情況，她建議盡快道歉。「我搞砸過，但我還在這裡；」她說：「我得罪了人，但我還在這裡；我曾經陷入困境，但我還在這裡。如果你在六十分鐘的演說中犯了一次錯誤，表示另外的五十九分鐘是完全沒問題的。所以我已經通過我最糟糕的恐懼，結果還可以……從那次失敗中學習的一些元素也很有價值。」

這是我們從面對恐懼中學到的最大、也最重要的課題之一：我們以為無法承受的東西，其實是可以承受的。焦慮告訴我們，我們無法生存，結果我們不僅生存下來，還變得更強大、更聰明。

愛那個社交焦慮的自己

事實是這樣的：社交焦慮可能在某種程度上永遠伴隨著你。它讓人衰弱或難以控制的程度，不該大到會阻止你去做正常情況下你會做的事。但即使經過多年努力，你的社交焦慮可能永遠無法完全消失——它很可能只是你的一部分。

所以這裡有個根本性的想法：何不接納它呢？

例如我，已經浪費太多時間祈求那些對其他人似乎稀鬆平常的事（像是和陌生人打電話或閒聊）對我能夠不那麼費力。但這就是我，我也有許多其他技能**是**毫不費力的——其中一些正是因為我的社交焦慮。例如，深刻、立即的同理心。

這是關於社交焦慮的另一個真相：你不需要改變你的個性，或成為一個送往迎來的交際高手來取得成功。你只要做你自己就能功成名就。也許你必須在領導工作的社交面向多努力，但你幾時因為努力不夠而無法達成目標了？很可能你的社交焦慮開啟了更多通往成功的機會和途徑，而它們比你為自己規劃的任何事都來得更有影響力，也更令人振奮！

所以這就是你的任務。既然你擁有獨特多樣的生活體驗，和特殊的社交焦慮表現方式，**你**會用什麼方式大膽而有效地參與公眾生活？你會有些什麼別人沒有的貢獻？

牢記這個最終目標可以帶你完成控管社交焦慮所需的任何工作，並學會利用它的獨特恩賜。

那些學會了控管社交焦慮並取得巨大成功的領導者，並不是靠著否定自己的恐懼或不願解決自己的弱點和不完美而達成目標的。他們接受了自己存在各種艱難情緒的事實，並將自己的整個自我（他們的優點和缺點）帶入領導工作中。他們真切地承認社交焦慮會阻礙他們想成為的那種領導者，然後他們學會用有意識的行動來回應，這使得他們更加朝著成為自己理想中的領導者邁進。

你也可以這麼做，世界在等著你。

結論
找到喜悅

長期焦慮會剝奪你的快樂，快樂的能力對你的領導工作（和生活！）至關重要，沒有快樂，你就找不到對未來的希望，也無法獲得源源不絕的創新和創造力。當你充滿喜悅，你會希望和別人一起同行，因為他們會看到你的願景，也會希望加入這趟旅程。

但是，不受控的焦慮讓你陷入想像，並且一再想像，一個駭人的未來。我說的是那種日復一日伴隨著你、向你低語危險就在眼前的焦慮。當我們滿腦子想著危險，我們怎麼可能讓自己自在地感受快樂，或進行任何一種有效領導？

寫本書的期間，我遭遇了十三年來最嚴重的心理健康危機，我的發作狀況真的讓我自己和我的家人大吃一驚。接連幾週，我一直處於恐慌和焦慮的狀態：我不在乎任何人——我沒辦法；我只看見自己的痛苦，我的心理疾病放大了千百倍；我的焦慮讓我為我的孩子感到非常擔心和恐懼，但我沒有花時間陪他們；我一直擔心自己的工作和財務前景，但我連最小的任務都做不了，我陷入了思考陷阱的痛苦迴圈。

我不得不向公司請假，我的每個念頭都很可怕，一想起來就不停啜泣。我滿腦子想著各種災難，沮喪到了極點，這太可怕了！我就這樣了嗎？這感覺會永遠跟著我嗎？已經安然過了這麼些年，這下我突然對未來沒了希望。

最終，我在加倍治療和開始使用新藥中逐漸康復，當我在一件微不足道的小事中找到快樂時，我知道我正在好轉：我為幾個朋友做了一些湯，他們在我生病時開車送我的孩子去參加各種活動。我真的花時間為他們做美味的湯，因為我想向他們表達我的感激。終於，我可以專注在自己以外的事情上了。

這就是不受控的焦慮——它可以把你的視野縮小到只剩一個主題：你自己。而焦慮迴圈讓你困在自己之中。

所以問題是，當你受了創傷，感覺一切都無比絕望、可怕之時，你該如何掙脫？當你感覺受困、不知所措，你如何能朝著自由、心理健康和快樂邁出一小步？

我有五點建議。

首先，獲得你需要的治療。這是走向改善之路的第一步，也是基本的一步。

其次，試著拋開雜念，專注於自己以外的事物。

事實是，焦慮會讓你變得只關注自己，你會花很多時間煩惱自己的未來、擔心別人對你的看法、害怕批評和丟臉、擔心身體的某種八成代表你快死了的身體感覺、為了一無所有的前景失眠……顯然，最有效的對策是將注意力轉向外部。

哈佛商學院教授、領導力專家艾美・艾德蒙森告訴我，她認為我們都渴望在工作和日常生活中獲得心理安全的原因是：我們都希望為更大的利益（或團隊，或主管度假會議）作出貢獻，但我們擔心被指指點點。「我們希望能擺脫別人對我們的看法，」她說。「比起一些更為健康，而且我認為也更快樂的存在狀態，像是『哇，這個專案太有趣了，我好高興能參與，而且我覺得這很重要。』或是被一些小煩惱纏繞，例如『我的樣子如何？』『大家都怎麼看我？』真的很不健康。我認為我們都想作出貢獻，那才是我們想要的。」

而你可以從一些小地方開始。在我的抑鬱症最嚴重的時候，能稍稍關注一下**任何**外在的事物就是一種勝利，像是窗外鳥兒的啁啾聲、摸摸小狗、為 LinkedIn 貼文擬草稿。在其他日子裡，我試圖想像一種更快活的存在狀態，或者回想，哪怕只是片刻，諸事順利並作出有意義的貢獻是什麼感覺。

這時你周遭的人幫助極大。焦慮和抑鬱會讓人孤立，嚴重縮小你的注意焦點。Wildfang 聯合創始人兼執行長麥克羅伊（Emma Mcilroy）說：「當你處在那些無比黑暗的地方，邀人們進來需要很多信任和很多弱點的暴露。」但這麼做非常重要，因為「這時你的視野只有針孔大小」，你需要跳脫自己的腦袋，依賴你的團隊來幫助你作出正確的決定。「就算其他人只能想出一個解決方案的10%，你卻一點也想不出來。」麥克羅伊說。

第二章出現過的任職於Shopify電商公司的哈雷・芬克斯坦，在覺察到焦慮導致他「過度旋轉」時尋求了幫助。「我對我的團隊非常透明和坦率，」他說：「我要求他們幫忙時都是這麼說的：『有時你們會聽到我提問，你們會想我真的被問題壓垮了。』或者，『喂，有時候我會要求你們做某件事，而你們會不懂為什麼。這時，你們得幫我弄清楚。』」當團隊不同意某個決定時，他歡迎他們提出反對意見，他也依靠他們來指出，他是否執著於焦慮告訴他但其實沒什麼大不了的事。我好想替這樣的人工作——你不想嗎？

我知道像這樣在同事面前暴露弱點並不容易，但暴露弱點是一項重要的領導技能，我們需要更多的領導者表明態度，公開他們的心理健康困境。記住，採取開放態度並不需要有重大、引人注目的行動，或召集團隊吐出所有秘密；你不需要分享細節，只要說出你所處的狀態，就能把你的經歷外部化，讓你得到你需要的幫助，並為他人樹立健康的行為榜樣。

為了紀念心理健康意識月[49]，我們在第四章中遇過的連續創業者保羅・英格利向他的 Lola 團隊分享了他與躁鬱症長達數十年的搏鬥，而令人驚訝的結果是：大家感激他的真誠和願意暴露弱點。「我對自身問題的開放態度，讓人們也可以對自己的事情持開放態度，」他說：「我剛發現，如果你對人們敞開心扉，他們會靠過來幫助你……人們會追隨自信，但他們會忠於脆弱。」

社會心理學者艾米．卡迪（Amy Cuddy）說，我們需要既能表現脆弱又能表現力量的領導者，「當今的領導者大都強調他們在職場的優勢、能力和資歷，但我認為這完全是錯誤的訴求，」她寫道，「在建立信任之前，展現力量的領導者可能有引發恐懼之虞，隨之而來的是許多功能失調的行為。」

脆弱可以建立信任和親密關係，沒有什麼比透過同理心和共同人性所培養的情感連結更能有效地建立信任。建立力量和脆弱楷模的領導者能贏得團隊的信任，並創造員工和組織蓬勃發展所需的心理安全環境。

要是你不想和你的團隊多接觸，不妨試著把它看成一種績效問題，想想看：你的成功符合每個人（團隊成員、僱主、股東、客戶、顧客）的最佳利益；如果

49 編註：Mental Health Awareness Month，於一九四九年由美國心理衛生組織所發起的活動。每年五月，美國幾個大型心理健康組織都會透過社群、媒體、電影、講座工作坊等線下活動，串聯各式單位與團體，共同喚起大家對於心理健康的重視。

你情緒狀態不佳，你就無法發揮最佳表現。麥克羅伊強而有力地刻劃了這點。「當我開心時，我可以交付150%，」她說：「當我悲傷又沮喪，我可以交付70%。」

焦慮和抑鬱會告訴你：就是這樣，你徹底完蛋，沒有好起來的希望。但它們錯了。聯繫你生活中值得信賴的人，他們會告訴你真相。當我處於最低谷時，我的家人和朋友為我的負面自我對話和自我破壞的想法提供了客觀的對比；他們提醒我，以前我經歷過情緒風暴，以後也會再發生。我認識的其他領導者會在感覺比較強健的時候給自己記下一些字句，實際上寫的是「不要放棄，會過去的。你**將**回到______。」空格自填，描述一下你在最快樂、最有成效時的模樣。

這讓我想到第三個建議：盡你所能提醒自己，一旦渡過難關，你將成為一個更強大、更有韌性的領導者。我承認，處在黑暗中時，你會很難相信這點，甚至不在乎。但同樣地，你可以依靠你的支持團隊和你狀況良好時寫的筆記，來獲得些許真理和希望。

在麥克羅伊的最低點，她發現自己只剩三天份的現金、她的腸胃系統一塌糊塗、她擔心自己真的快完蛋了，但在團隊夥伴、醫生和親人的幫助下，她渡過了難關，成為一位更好的領導者。「透過這個過程，我建立了強大的韌性和能力，」她告訴我，「但就像大多數建立了強大韌性的人一樣，它來自非常消極、黑暗的情況。一直待在陽光燦亮、歡樂的地方不會讓你建立韌性，韌性完全不是那麼回事。想要有能力處理嚴酷、艱難的事，你就得經歷過嚴酷、艱難的事。」

挺過暴風雨的領導人知道他們能穩住船隻，當經歷了心理疾病並成功克服它，我們將能接納生活的複雜性，並帶領我們的手下渡過各種災難。我們能確保我們的客戶和員工感覺自己被看到、被傾聽、被認可和被關心，因為我們了解當我們遭遇傷痛、最需要幫助時，這些東西對我們意味著什麼。

第四，深入挖掘那些形塑了你的人生、為你的領導力願景奠定基礎的價值觀。心理治療師羅斯．哈里斯提出以下問題來找出你的價值觀：

- 你想成為什麼樣的人？
- 你想培養什麼樣的個人優勢和特質？
- 你想主張什麼？
- 你想如何表現行為？
- 什麼工作讓你覺得有意義？
- 你能為和你共事的人提供什麼？
- 你能為世界提供什麼？

關於這些問題，我總是會回到管理策略師妮洛佛．莫晨特（Nilofer Merchant）所說的「唯一性」（onlyness），這是她在二〇一一年創造的一個新詞。「唯一性」是這世上只有你站立的一個點（spot）；它是由你的價值觀、個人歷史和觀點形成的。你的歷史和經歷的哪些部分形成並塑造了你今天所關心的事？這包括造就了今天的你（別迴避黑暗的部分），並引導你關心那些吸引你注意力的議題、鼓舞你採取行動，並激勵你發揮影響力的各種正向和負面的經歷。

你會如何把你在這世上的位置（只有你站在那裡）應用到你對未來的願景和希望，以及你想貢獻給這世界的東西上？無論答案是什麼，請記住它，因為沒有人能像你一樣領導。

第五，找到能給你帶來快樂的東西。

即使選擇走出舒適圈，成為一名領導者，也可能是一種快樂、勇敢的體驗。身為公共廣播界冉冉升起的新星，普里斯卡．妮莉（Priska Neely）受到鼓勵而開始主持電臺節目，受到歡迎、才華得到認可讓她受寵若驚，但妮莉有些不安，於是她安排了一次她所說的「什麼讓我快樂審核」（an audit of what gives me）。她了解到，比起主持節目，在幕後管理、指導記者給她帶來更多快樂。「到頭來，我真覺得我可以在協助培訓、驗證人員，並讓他們的生活故事走上正軌方面發揮更大作用，這樣也可以讓更多的人做我目前所做的事。」她說。如今妮莉是美國南部公共電臺合作計畫執行編輯，建立並管理一個團隊。

針對什麼能給你帶來快樂進行一次審核：什麼時候讓你感覺最順暢、有成效？你在做什麼的時候會讓你感覺你的行動特別有意義，並且正在創造你一直想要的改變？除了你的價值觀，為你帶來快樂的東西是強大的動力來源，可以支撐你渡過難關。

焦慮會掩蓋潛在的快樂來源，而且如果我們任由它發展，它可能會偷走我們的所有快樂，也許單憑這點就可以成為你學習管理焦慮的動力了。你因為害怕而錯過了什麼快樂？你因為害怕自己變得不夠完美而阻止自己嘗試什麼？追求更高職位？擁有更大的發言權、更廣泛的影響、更好的觸及率？

當我處於最低谷時，我碰巧採訪了社群媒體創業家吉兒．強生．派蒂關於冒牌者症候群的問題，她說了一些真正引起我共鳴的話：「有太多的生活要過，有太多有意義的服務要付出，有太多的投資報酬率（ＲＯＩ）要推動，但卻被冒牌者症候群阻礙。」

她說得一點沒錯。焦慮、抑鬱、躁鬱症、強迫症或任何阻礙你、可能會偷走你的快樂的東西，都是如此。讓自己被情緒和心理困境帶上岔路，你會錯失太多東西，而這世界也會錯失太多你的好。

感謝上天，我現在好多了，但是我並未痊癒。黑暗的時刻或許就在前方，但是當我把注意力從自己身上移開（我那焦慮不安、煩躁、經常讓人挫折又疲憊的自我），並且轉移到我如此努力催促自己的原因上時，便會馬上輕鬆不少。對我來說，外部原因首先是我的家人；至於內在，我被一股深深的渴望所激勵，想要在世上做好事，以某種看得到的方式回饋，特別是當我已經接受了這麼多。所以我堅信我會再次度過難關，我必須充分利用我狀況良好的時日；我需要將我的焦慮導向好的方面，錨定在我的內在深處，直達我的價值觀和快樂的源頭；我知道我在生活中的立場，以及做一個好人對我意味著什麼；我知道我想要發揮的影響力。我在寫本書時，以及（我希望）在幫助你度過你的黑暗時刻的當中，找到無比的樂趣。

那麼，該說的都說完了，你要如何在領導工作上蓬勃發展，而不屈服於焦慮的自我中心？

你要承認恐懼，並照顧好自己，然後設法繼續走下去；你要對別人的幫助說「好」，用你有幸得到的所有形式接收；你要盡力對別人伸出援手，即使你內心空虛；你要依賴你的社區，一如有一天他們也會依賴你；你會感受到可怕的感覺和想要躲進被子裡的欲望，但你沒那麼做，而是想辦法挺過去；你還記得和焦慮共存並克服它的挑戰，能賦予你得來不易、可以轉化為非凡貢獻的力量和韌性。

你提醒自己焦慮想從你身上偷走的快樂和恩賜，而你無數次地說著：「不行，這代價太高了。」

然後你感到恐懼，但照常做你的事——領導。

致謝

感謝哈佛商業評論出版社（ＨＢＲ）的愛麗絲．卓爾（Alicyn Zall）、凱文．埃弗斯（Kevin Evers）和梅琳達．美利諾（Melinda Merino），是他們使本書順利付梓！

是凱瑟琳．克內普（Catherine Knepper）讓本書成為可能。凱瑟琳，謝謝妳擔任我的編輯和寫作夥伴。

四十六歲的人，生命中要感謝的對象太多了，不可能全納入一份致謝清單。但當我反思我的前半生，我非常感謝所有幫助我度過心理疾病並幫助我重拾心理健康的人。珍妮．布雷西亞（Jeanine Brescia）、鮑伯．迪特（Bob Ditter）、威瑪．塞倫弗瑞德（Wilma Selenfriend）、史蒂夫．康寧漢（Steve Cunningham）、吉莉安．麥克唐納（Jillian McDonough）、艾倫．唐納森（Ellen Donaldson）和勞格納南達．雷（Laugharnananda Ray）幫助保持身心健康。

我要感謝所有女性網路，多年來為我的職業生涯提供動力和絕妙的建議。瑞秋・史凱拉（Rachel Sklar），妳對我生活的影響無比巨大。吉娜・格蘭茲（Gina Glantz），謝謝妳所做的一切。

我親愛的朋友和臨床顧問卡洛琳・格拉斯（Carolyn Glass）確保本書在治療和臨床上的合理性，並在過程中使編輯變得有趣。感謝蕾貝卡・哈利（Rebecca Harley）並致上愛意，感謝我們自 Isis Parenting 育兒中心認識以來共同經歷的所有成長。

瑪莉・朵依（Mary Dooe）從一開始就負責製作「焦慮的成功者」Podcast，如果沒有她和她的出色團隊，我不會有今天。瑪莉，感謝妳成為我的合作夥伴，創造令人驚嘆的音訊，並努力設法減輕大家的工作量。

感謝卡蘿・佛朗哥（Carol Franco）和肯特・萊貝克（Kent Lineback）幫助我制定提案，並在 HBR 為本書找到一個家。

HBR 團隊接納了我並幫助我賦予本書生命。莫琳・霍克（Maureen Hoch）、阿迪・依格那蒂斯（Adi Ignatius）、艾咪・伯恩斯坦（Amy Bernstein）、亞當・布赫霍爾茨（Adam Buchholz）和安・賽妮（Anne Saini），謝謝你們協助推出 Podcast 節目。艾咪・嘉洛（Amy Gallo）和格雷琴・加維特（Gretchen

Gavett），兩位是如此卓越的編輯，以及在我寫作過程中的意見夥伴。感謝出色的HBR行銷和宣傳團隊，他們制定了充滿魅力的出版計畫。

LinkedIn的潔西·赫佩（Jessi Hempel），感謝、感謝、再感謝！麥克·努斯鮑姆（Mike Nussbaum）、瑞安·羅根（Rhian Rogan）、莎拉·斯托姆（Sarah Storm）、阿曼達·佩納（Amanda Peña）和大衛·瓊科（David Giongco），與你們共事是一種喜悅，很高興看到本書不斷成長。

感謝本書中的所有貴賓以及為本書貢獻智慧的人們，我充滿感激。感謝哈雷·芬克斯坦（Harley Finkelstein）、凱撒琳·史密斯（Kathleen Smith）、克莉絲汀·魯尼安（Christine Runyan）、安德魯·索托梅爾（Andrew Sotomayor）、艾麗絲·博伊斯（Alice Boyes）、艾麗莎·馬斯特羅莫納科（Alyssa Mastromonaco）、羅克珊·蓋伊（Roxane Gay）、賈德森·布魯爾（Judson Brewer）、溫蒂·鈴木（Wendy Suzuki）、史考特·斯托塞爾（Scott Stossel）、安德里亞·帕拉（Andrea Parra）、賈森·米勒（Jason Miller）、傑瑞·科隆納（Jerry Colonna）、阿曼·克萊曼（Amanda Clayman）、馬克·布拉克特（Marc Brackett）、蘇珊·施密特·溫徹斯特（Susan Schmitt Winchester）、保羅·英格利（Paul English）、史蒂芬·卡斯（Steve Cuss）、埃絲特·佩雷爾（Esther Perel）、艾胥黎·C·福特（Ashley C.

Ford）、傑西·卡拉科（Jess Calarco）、艾米·埃德蒙森（Amy Edmondson）、克里斯·葉慈（Chris Yates）、雷貝卡·哈利（Rebecca Harley）、丹尼·伯恩斯坦（Danny Bernstein）、傑森·坎德（Jason Kander）、帕皮·賈曼（Poppy Jaman）、澤夫舒曼－奧利維爾（Zev Schuman-Olivier）、托馬斯·格林斯彭（Thomas Greenspon）、安吉拉·尼爾·巴尼特（Angela Neal-Barnett）、莎朗·薩茨伯格（Sharon Salzberg）、鮑伯·拉特（Bob Pozen）、艾米莉亞·伯克－賈西亞（Amelia Burke-Garcia）、艾瑪·麥克羅伊（Emma McIlroy）、克里斯蒂娜·華萊士（Christina Wallace）、維卡斯·沙赫（Vikas Shah）、克里斯多·巴恩斯（Christopher Barnes）、艾麗卡·達萬（Erica Dhawan）、喬爾·加斯科因（Joel Gascoigne）、梅麗莎·杜曼（Melissa Doman）、阿米莉亞·蘭塞姆（Amelia Ransom）、保羅·格林伯格（Paul Greenberg）、羅伯特·格雷澤（Robert Glazer）、艾咪·加洛（Amy Gallo）、普莉絲卡·尼利（Priska Neely）、李·邦維蘇托（Lee Bonvisutto）、吉爾·約翰遜·帕蒂（Jyl Johnson Pattee）、安迪·瓊斯（Andy Johns）、安迪·鄧恩（Andy Dunn）、阿爾蒂·沙哈尼（Aarti Shahani）和茱莉·萊斯科特－海姆斯（Julie Lythcott-Haims）。

凱莉·格林伍德（Kelly Greenwood）和 Mindshare Partners 的團隊，與你們合

作並相互學習真是太棒了，我期待著職場心理健康的發展。

我在Women Online的團隊，你們是100%最好的。珍．文托（Jen Vento）、克莉絲汀．許（Christine Koh）和梅麗莎．福特（Melissa Ford），愛你們，謝謝你們。

對尼可（Nicco）、A、T和J，我愛你們勝過一切。謝謝你容忍我，支持我寫這本書的夢想。

克萊爾．費芬戈德－索林（Claire Feingold-Thoryn）牧師每週都激勵我。最後，我想摘錄她介紹給我的一首詩，作者辛波絲卡（Wisława Szymborska），詩名〈等待時的人生〉（Life While You Wait）。

未曾排練的表演。
毫無變化的肉體。
沒有預謀的腦袋。

我對我扮演的角色一無所知。
我只知道它是我的。我不能交換它。

我得當場猜想
這齣戲究竟演些什麼。

沒準備好應付生活中的特權，
我幾乎跟不上行動要求的步伐。
我即興表演，儘管我厭惡即興表演。

國家圖書館出版品預行編目資料

焦慮是你的優勢：平凡的人害怕焦慮，卓越的人善用焦慮／摩拉．阿倫斯－梅勒 著；王瑞徽 譯 --初版.--臺北市：平安文化, 2024.5 面；公分. --(平安叢書；第797種)(邁向成功；99)
譯自：The Anxious Achiever: Turn Your Biggest Fears into Your Leadership Superpower
ISBN 978-626-7397-39-8 (平裝)

1.CST: 企業領導 2.CST: 領導者 3.CST: 管理心理學 4.CST: 焦慮

494.2　　113004862

平安叢書第0797種

邁向成功叢書 99

焦慮是你的優勢

平凡的人害怕焦慮，卓越的人善用焦慮

The Anxious Achiever: Turn Your Biggest Fears into Your Leadership Superpower

作　　者—摩拉．阿倫斯－梅勒
譯　　者—王瑞徽
發 行 人—平　雲
出版發行—平安文化有限公司
台北市敦化北路120巷50號
電話◎02-27168888
郵撥帳號◎18420815號
皇冠出版社(香港)有限公司
香港銅鑼灣道180號百樂商業中心
19字樓1903室
電話◎2529-1778　傳真◎2527-0904
總 編 輯—許婷婷
執行主編—平　靜
責任編輯—蔡維鋼
行銷企劃—薛晴方
美術設計—Dinner Illustration、李偉涵
著作完成日期—2023年
初版一刷日期—2024年5月
初版二刷日期—2024年8月
法律顧問—王惠光律師

讀者服務傳真專線◎02-27150507
電腦編號◎368099
ISBN◎978-626-7397-39-8
Printed in Taiwan
本書定價◎新台幣420元/港幣140元